数码摄影从入门到精通

陈宏波　编著

清华大学出版社
北　京

内 容 简 介

本书是一本帮助摄影爱好者全面、系统地掌握使用数码相机进行拍摄，提高摄影技术水平的摄影图书。本书共分 9 章，循序渐进地讲解了关于数码相机摄影的各项基本知识和操作技巧，其中涵盖了数码摄影入门基础、数码相机的常规设置与使用方法，常用构图取景技巧，风光、人像、植物、动物、静物、生活等题材的拍摄方法，以及使用软件对图片进行后期处理等内容。

全书彩色印刷，案例照片精彩实用，拍摄心得及技法描述通俗易懂。本书附赠 3 套与图书内容相关的扩展教学视频和 1 本《人像摆姿拍摄便携手册》电子书。本书具有很强的实用性和可操作性，是数码摄影初学者，以及希望进一步提高数码摄影技术的读者的首选参考书。

本书对应的配套资源可以到 http://www.tupwk.com.cn/downpage 网站下载，也可以通过扫描前言中的二维码下载。

图书在版编目 (CIP) 数据

数码摄影从入门到精通 / 陈宏波编著 . 一北京：清华大学出版社， 2022.1（2023.8重印）
ISBN 978-7-302-59507-6

Ⅰ . ①数… Ⅱ . ①陈… Ⅲ . ①数字照相机－摄影技术 Ⅳ . ① TB86 ② J41

中国版本图书馆 CIP 数据核字 (2021) 第 230496 号

责任编辑： 胡辰浩
封面设计： 高娟妮
版式设计： 妙思品位
责任校对： 成凤进
责任印制： 朱雨萌

出版发行： 清华大学出版社
网　　址： http://www.tup.com.cn， http://www.wqbook.com
地　　址： 北京清华大学学研大厦A座　　**邮　　编：** 100084
社 总 机： 010-83470000　　**邮　　购：** 010-62786544
投稿与读者服务： 010-62776969，c-service@tup.tsinghua.edu.cn
质 量 反 馈： 010-62772015，zhiliang@tup.tsinghua.edu.cn

印 装 者： 三河市铭诚印务有限公司
经　　销： 全国新华书店
开　　本： 150mm×215mm　　**印　　张：** 18.75　　**字　　数：** 486 千字
版　　次： 2022 年 1 月第 1 版　　**印　　次：** 2023 年 8 月第 2 次印刷
定　　价： 99.00 元

产品编号：086962-01

前言

摄影不仅仅是按下快门，而是艺术与技术相结合的技能。它既需要拍摄者熟悉手中的摄影器材，自如地操控相机的各项功能，又需要拍摄者具备发现美、创造美的能力。但对于很多摄影初学者和摄影爱好者来说，要拍摄出精彩的照片并不是一件很容易的事。因此，本书针对摄影初学者和摄影爱好者，使用简洁、通俗的语言和丰富的配图讲解数码摄影必须要掌握的核心理论和使用技法，帮助他们用较少的时间尽快掌握摄影技法和简单的后期方法，拍摄出令人满意的照片。

本书具有两大优势：技法讲解循序渐进，从器材使用的基础问题出发，再根据不同的主题讲解拍摄的方法，内容通俗易懂；图片实用经典，针对题材的不同，精选出数百幅典型的摄影作品，让您进一步感受到摄影带来的乐趣。

此外，本书附赠 3 套与图书内容相关的扩展教学视频和 1 本《人像摆姿拍摄便携手册》电子书。读者可以扫描下方的二维码或通过登录本书信息支持网站 (http://www.tupwk.com.cn/downpage) 下载相关资料。

由于作者水平有限，本书难免有不足之处，欢迎广大读者批评指正。我们的邮箱是 992116@qq.com，电话是 010-62796045。

作者

2021 年 8 月

目录

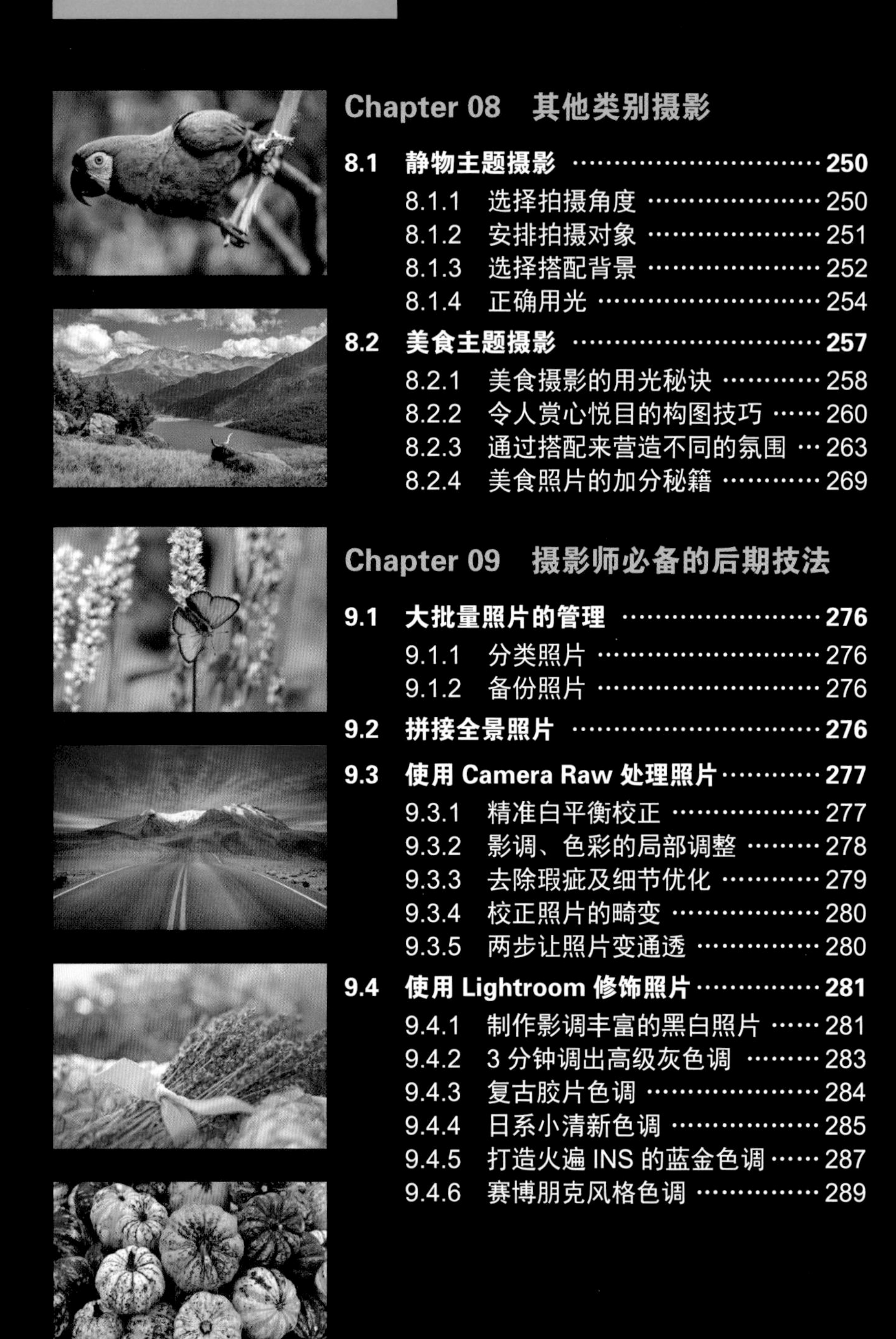

Chapter 08 其他类别摄影

Chapter 09 摄影师必备的后期技法

Chapter 01 开启摄影之旅

1.1 认识相机

数码单反相机是指单镜头反光数码相机，它属于比较专业的相机。这类相机拍摄的画质精美，操控出色，反应迅速，能应对各种题材的拍摄，针对的用户群也较为广泛。市面上常见的数码单反相机品牌主要有佳能、尼康、索尼、宾得、富士和奥林巴斯等。

1.1.1 数码单反相机

数码单反相机可以分为入门级、准专业级和专业级 3 种。

入门级数码单反相机

入门级数码单反相机具有单反相机的一般功能和优势，由于成本的考虑，一般没有坚固的镁合金金属机身以及肩屏等配置。它的最高快门速度普遍在 1/4000s，操作便捷性方面稍逊色些，没有配置专业级单反所具备的肩屏显示器和双拨轮，但是其较为适中的价格、较高的画质成就了入门级相机强大的市场竞争力。现在市面上，如佳能 550D、佳能 600D、尼康 D3000 系列，以及 D5000 系列都属于入门级数码单反相机的范畴。

准专业级数码单反相机

准专业级数码单反相机一般拥有比入门级数码单反相机更坚固且握感良好的镁合金金属机身、易于操控的双拨轮和肩屏显示器。取景器一般采用五棱镜结构，更为明亮清晰。最高快门速度为 1/8000s。佳能 50D、60D、7D，以及尼康 D7000、D300s 等此类准专业级的数码单反相机一般适合专业摄影者使用。

专业级数码单反相机

专业级数码单反相机价格一般在万元以上，在拥有上述两类数码单反相机的优势以外，还拥有较为硕大的机身，全画幅传感器，以及卓越的操控性和稳定性。这些优势极大地方便了摄影师或普通摄影者创作属于自己的优秀作品。佳能 5D 系列、1D 系列，尼康 D700、D3 系列等都属于专业级数码单反相机。

光圈 F11 焦距 35mm 曝光时间 1/320s 感光度 200

数码单反相机有着优秀的成像品质，能更好地还原画面的真实色彩，根据拍摄需要更换合适的镜头，从而带来更丰富的拍摄创意，并且得到画质精美、色彩丰富、细节清晰的照片。

1.1.2 微单相机

微单相机是指无反光板、采用电子取景(EVF)、可更换镜头、具有与数码单反相机相同功能的数码相机。由于微单相机取消了光学取景器和反光板单元，从而实现了机身的小型化和轻量化，便于携带，深受摄影爱好者的欢迎，因此微单相机的市场发展很快。目前市面上常见的微单相机品牌有索尼、富士、佳能、尼康、奥林巴斯和松下等。

1.1.3 数码单反相机的优势

与普通的消费级数码相机相比，数码单反相机具有更大的动态范围(信噪比)、可换镜头、更加优秀的成像画质、更短的快门时滞、更快的处理速度，在取景、连拍速度和专业的操控等方面都是消费级数码相机无法比拟的。

图像传感器的优势

图像传感器是数码单反相机的核心部件，可以说是数码单反相机的“心脏”，其大小直接影响拍摄的效果。拥有高像素、大尺寸的图像传感器成就了数码单反相机优秀的画质、出色的信噪比和更大的感光宽容度，相比普通的数码相机，图像传感器成为数码单反相机的最大优势。

光圈 F2.8 焦距 105mm 曝光时间 1/25s 感光度 200

使用拥有大尺寸图像传感器的数码单反相机，通过手动设置光圈、快门速度和感光度，可以捕捉到丰富的细节层次和绚丽的色彩，并且能够在保证清晰捕捉到主体的同时，更加有效地抑制噪点。

丰富的镜头选择

数码单反相机可以随意更换卡口规格一致的不同镜头，并且与每个卡口相匹配的镜头群数量庞大，可以充分满足用户不同场景的拍摄需求，如从超广角到大变焦的镜头，从微距到柔焦镜头。

光圈 F8
焦距 105mm
曝光时间 1/125s
感光度 200

使用长焦镜头可以在不惊扰拍摄主体的情况下，捕捉最自然的画面。

光圈 F1.8 焦距 4mm 曝光时间 1/4000s 感光度 200

使用广角镜头，能够扩展空间感，表现大气势、大场面的场景。更重要的是，它能够提供理想的景深范围，把近处和远处的景物都清晰地呈现在画面上。

光圈 F5.6
焦距 230mm
曝光时间 1/400s
感光度 200

使用长焦镜头远距离拍摄，可以轻松捕捉到瞬间画面。对于拍摄鸟类的动物摄影爱好者，长焦镜头是必不可少的拍摄利器。

卓越的手控能力

虽然数码相机的自动拍摄功能越来越强，但是拍摄时由于环境、拍摄对象的情况是千变万化的，因此使用自动模式拍摄并不能满足众多摄影师的需求。这就要求数码单反相机具有手动调节的功能，让用户能够根据不同的情况进行调节，以取得最佳的拍摄效果。具有手动调节功能也就成为数码单反相机必须具备的功能，也是其专业性的体现。而在众多的手动功能中，曝光和白平衡是两个重要的方面。当拍摄时自动测光系统无法准确地判断拍摄环境的光线情况和色温时，就需要用户根据自己的经验来进行判断，通过手动来进行强制调整，以取得好的拍摄效果。全手控功能能够拍摄出符合用户思想的特殊光影或环境效果，这也是数码单反相机专业性的体现。

光圈 F14 焦距 32mm 曝光时间 10s 感光度 50

使用数码单反相机可以根据题材更换镜头，调整焦距、光圈、快门速度、感光度等各种参数。如在拍摄风光照片时，小光圈可扩大画面景深，增强空间感。

迅捷的响应速度

一般数码相机最大的一个问题就是快门时滞较长，在抓拍时掌握不好经常会错过最精彩的瞬间。快门时滞指的是从按下快门到机器开始拍摄动作这中间的响应时间。而响应速度正是数码单反相机的优势，由于其对焦系统独立于成像器件之外，它们基本可以实现和传统单反相机一样的响应速度。高响应速度、高连拍速度给动态画面的准确抓拍提供了更多的机会，在新闻、体育类题材拍摄中让用户得心应手。

光圈 F5.6
焦距 300mm
曝光时间 1/500s
感光度 200

启用高速连拍功能，配合手动对焦拍摄，捕捉到瞬间的精彩画面。

提示：

数码相机的连拍速度以每秒所拍摄的照片张数来表示。因此，连拍速度越快，越容易捕捉到精彩的瞬间。好的数码单反相机连拍速度为每秒6~14张；入门级的数码相机连拍速度慢一些，为每秒3~5张。

操控自如的快门速度

数码单反相机拥有非常宽广的快门设置范围，很多机型的最高快门速度能够达到1/8000s，而慢速快门则可以达到30s，甚至还提供了超长时间的B门曝光。想要拍摄夜晚中车流的轨迹、如丝般的流水瀑布等，都需要数秒甚至数十秒的长时间曝光。数码单反相机能够提供足够长的曝光时间，并且在较长的曝光时间里，大感光元件能够平衡画面的噪点，获得清晰的画面。

光圈 F8 焦距 12mm 曝光时间 60s 感光度 200

利用慢速快门可以拍摄出天空中的飞云效果和如丝般的流水，借助风景中优美的线条创造构图上的美感，深化意境。

1.2 认识镜头

数码相机的成像效果很大一部分取决于镜头，镜头对数码相机来说是非常重要的。初学者要想学好数码摄影，就需要掌握镜头的基本知识、使用方法，以及不同类型镜头的特点。

1.2.1 镜头的重要参数

数码单反相机为用户提供了非常丰富的镜头群，包括广角变焦镜头、标准变焦镜头、望远变焦镜头、鱼眼镜头、广角镜头、标准定焦镜头、长焦定焦镜头、微距镜头、增距镜头等。掌握镜头的特性、选择适合拍摄要求的镜头，我们才能够更好地拍摄照片。

口径和光圈

简单地说，镜头口径就是镜头直径的大小，几乎所有的数码单反相机使用的镜头都会清晰地标明镜头口径。镜头口径越大，单位时间内的进光量越多。

光圈由位于镜头内部的可活动的金属叶片组成。同样，在单位时间内，光圈打开的孔径越大，单位时间所能进入的光线也越多。也就是说，当快门速度一定时，使用大口径、大光圈的镜头能够获得更多的光线，可为成像提供更有利的条件。

光圈 F3.5
焦距 35mm
曝光时间 1/25s
感光度 200

在光线不够充足的环境中拍摄时，使用小光圈拍摄容易因手持拍摄抖动而导致画面模糊。在同样光线的条件下，使用大光圈能够提升快门速度，拍摄出清晰的照片。

光圈 F1.7
焦距 85mm
曝光时间 1/640s
感光度 160

使用大光圈表现人物，可以突出主体，背景得到很好的虚化，画面简洁、干净。

焦距

镜头的焦距是镜头的一个非常重要的指标，它决定了被摄体在感光元件上的成像大小。任何一只镜头都标注了它的焦距，也正是因为焦距的不同，才有了定焦、变焦、长焦、广角等不同类型的镜头。

(1) 焦距与视角的关系

要充分掌握镜头的特性，用户必须先了解镜头焦距与视角的关系。焦距越短，视角越大；反之焦距越长，视角越小，只要改变焦距就可以大幅度改变画面的构图。在相机位置不变的情况下，焦距越长，拍进画面的景物范围就越窄，被摄体也就会越大。

例如，广角镜头的视角较宽，能够容纳的景物较多，可以丰富画面内容；而望远镜头的视角较窄，所能容纳的景物较少，能达到简洁画面的目的。因此，根据拍摄主体的不同，选择视角范围适合的镜头，才能拍出理想的照片。

(2) 焦距与成像大小的关系

镜头焦距的长短决定了被摄物在感光元件上的成像大小，镜头焦距越长，成像越大；焦距越短，成像越小。也就是说，站在同一位置，焦距越长，越能把远处景物拍得更大。

光圈 F4
焦距 45mm
曝光时间 1/250s
感光度 160

焦距越短，成像越小，但是视角更广，可以更多地纳入周围的环境。

光圈 F4
焦距 70mm
曝光时间 1/250s
感光度 160

焦距越长，成像越大，可以更加清晰地捕捉到主体的姿态。

(3) 相机画幅与焦距转换

按感光元件的尺寸划分，数码单反相机可以分为全画幅数码单反相机、APS-H 画幅数码单反相机、APS-C 画幅数码单反相机和 3/4 画幅数码单反相机。

由于不同画幅的数码单反相机采用的感光元件的尺寸不同，造成同一焦距的镜头在不同画幅的相机上所能拍摄的范围不同。为了描述这种差异，特别引入了焦距换算系数这个概念。即用这个系数乘以镜头的实际焦距，就可以得到等效于 135 幅面的相机所使用的镜头焦距。

画幅	焦距转换系数	代表机型
全画幅	1.0×	佳能 1D Mark III、尼康 D700、索尼 α 900
APS-H 画幅	1.3×	佳能 1D Mark IV
APS-C 画幅 1	1.5×	尼康 D300s、D7000、索尼 α 580、PENTAX K-7
APS-C 画幅 2	1.6×	佳能 EOS 60D、EOS600D
3/4 画幅	2.0×	OLYMPUS E5

防抖

镜头防抖技术解决了拍摄者手持相机抖动所造成的成像模糊问题，其原理是通过一组矫正镜组对因抖动产生的光路偏移进行矫正。开启防抖动功能能够让拍摄者在镜头安全快门速度之下也可以得到清晰的照片。

1.2.2 选择变焦还是定焦

镜头按照焦距是否可变分为定焦镜头和变焦镜头两类。定焦镜头不如变焦镜头方便，摄影师拍摄取景时需要不断走动才能实现取景范围的改变，而选择变焦镜头，只需要旋转变焦环就能实现取景范围的改变。那么是不是任何情况下都应该选择变焦镜头？事实上，这两种镜头各有利弊，究竟选择变焦镜头还是定焦镜头，摄影师需要根据不同的拍摄需要、拍摄题材来确定。

变焦镜头：焦段丰富，适合“一镜走天涯”

在一定范围内可以变换焦距，从而得到不同宽窄的视角、不同大小的影像和不同景物范围的照相机镜头称为变焦镜头。变焦镜头可以在不改变拍摄距离的情况下，通过转动镜头上的变焦环调整焦距来改变拍摄范围。这样，摄影师就可以站在同一位置，轻松地拍摄较远和较近的对象。

使用广角端，镜头可以纳入广阔的景物范围；使用望远端，镜头能够把远处的景物拉近放大拍摄。有很多型号的镜头还有一定的微距拍摄。

由于一个变焦镜头可以兼担若干定焦镜头的作用，因此，用户外出旅游时使用变焦镜头可以减少携带摄影器材的数量，同时也节省了更换镜头的时间。

定焦镜头：具备更大的光圈，适合拍摄人像和星空

定焦镜头就是固定焦距的镜头。定焦镜头可以达到很高的成像质量，并且最大光圈可以轻易达到 f/1.4 或更大，因此在拍摄建筑、人像题材，或在光线较暗的环境中拍摄，使用定焦镜头是不错的选择。定焦镜头对于摄影师来说，也是必备的设备。

定焦标准镜头的光圈可以达到 f/1.4，甚至更大，非常适合拍摄人像照片。使用标准定焦镜头时，摄影师与拍摄对象之间的距离很近，非常方便及时沟通和交流，突出动作和表情。

1.2.3 广角、中焦、长焦镜头分别用来拍什么

不同焦段的镜头适用于不同的拍摄题材，如广角镜头更适合拍摄风光、建筑类题材，中长焦镜头更适合拍摄人像照片。

广角镜头：拍摄风光的首选

一般焦距在 24~35mm 的镜头称为普通广角镜头，16~21mm 的镜头称为超广角镜头。35mm 的广角镜头常用来拍摄风光题材，适合拍摄简单景观。广角镜头可以纳入很多景物，所以一般在拍摄风景时最常使用广角镜头来表现出宽阔、广大的景象。另外，该镜头的景深较长，表现的画面精确度高，空间纵深感强，有利于同时塑造背景和拍摄主体，可以展现画面的多种视觉效果。广角镜头的魅力不仅限于视角大，能拍摄到较大面积的景物，还可以表现场景的夸张效果及强烈的视觉冲击力，拍出许多极富创意的作品。

广角镜头因其视角开阔而深受风光摄影师的喜爱。更重要的是，它能够提供理想的景深范围，把近处和远处的景物都清晰地呈现在画面上。

(1) 狭小空间轻松拍摄

广角镜头视野开阔的特点也非常适合在室内环境中拍摄。在距离不足的空间内，广角镜头能够更容易在画面中纳入完整的景物。

(2) 增强延伸与透视感

广角镜头的主要特色就是长景深及透视效果，摄影师可以搭配场景中能够引导视线的景物，如线条、道路、河流、长廊等来增加图像的纵深感，或是善用它的透视效果来改变景物的相对距离。

(3) 透视变形效果

广角镜头具有使景物变形的特点，尤其使用焦距越短的超广角镜头，效果越明显。这类镜头视野更为宽广，能够突出强调前景的景物，创造性地产生夸张变形的效果。

利用广角镜头或超广角镜头的透视变形效果，以不同角度取景拍摄会大大改变图像的视觉效果。例如，采取低角度由下往上拍，会使主体看起来高大，在拍摄建筑、树木时常用这种表现手法；以高角度由上往下拍，就会压迫主体的高度，使主体看起来渺小许多。

广角镜头会使垂直线条汇聚在一起。靠近拍摄对象可以制作出特殊的视觉效果。

标准镜头

标准镜头是指焦距长度和所摄画幅的对角线长度大致相等的镜头，其视角一般为 45° ~50° 。简单地说，标准镜头就是与人眼的视角相近的焦距的镜头。

标准镜头的最大特点是画面真实、畸变小，它的透视效果接近人眼所看到的实际效果，呈现出最自然的视角，常用来拍摄需要表现真实感的日常景物。在人像摄影、风光摄影中，标准镜头都是常见的选择。对于佳能 5D Mark Ⅱ、尼康 D700 这类全画幅相机，50mm 的镜头属于标准镜头。对于佳能 60D、尼康 D7000 这类 APS-C 画幅的相机，35mm 的镜头属于标准镜头。

使用标准镜头容易获得构图紧凑的照片，使观众的注意力更加集中。景物之间的距离感、空间感与人眼所见基本一致，呈现出最自然的视角。

(1) 呈现景物的真实感

使用标准镜头拍摄时，画面中景物的透视比例最为自然，景物之间的距离感、空间感与人眼所见基本一致，所以常用来拍摄需要表现真实感的日常景物。在人像摄影、建筑摄影中，标准镜头都是常见的选择。

使用 50mm 的标准镜头来拍摄，景物接近人眼所见。

(2) 拍摄构图紧凑

在拍摄风光时，标准镜头虽没有广角镜头的大气，但狭窄的视角更容易获得一幅构图紧凑的照片，使观众的注意力更加集中。

拍摄摩天大厦，很适合选用标准镜头来拍摄。这样不会产生变形，可以很好地表现建筑的高耸、雄伟。

(3) 便于交流和沟通

对于人像摄影来说，标准镜头是很好的选择。使用这样的镜头拍摄时，摄影师和对象之间距离很近，方便进行及时沟通和交流。

使用标准镜头拍摄人像时，可以清晰地捕捉人物的神情及轮廓，充分展现模特的气质。

中焦镜头

中焦镜头的变焦范围在 50mm 的标准镜头左右，其透视效果跟人眼最接近，而且照片中景物的透视比例最为自然，既不像长焦镜头会压缩景物间的距离，也不会像广角镜头会夸张景物间的距离，所以其适合拍摄具有真实感的日常景物。

中焦镜头拍摄人像的优点是变形较小，配合大光圈可以获得极佳的背景虚化效果。

长焦镜头

长焦镜头又称为远摄镜头或望远镜头，通常是指焦距在 200mm 以上，视角在 12° 左右的镜头，而 300mm 以上焦距的镜头则被称作超长焦镜头。

长焦镜头的最大特点是能够把很远的主体拉近拍摄，并且不干扰被摄对象。在拍摄体育运动、野生动物等场景时，长焦镜头是最合适的设备。

(1) 拉近拍摄主体

长焦镜头可以将远方的景物拉近，当拍摄者离被摄体较远，或是受限于环境的因素无法靠近被摄体，如拍摄体育活动、野生动物、表演等题材时，就适合使用长焦镜头来取景构图。

在拍摄野生动物时，如果拍摄距离过近，很容易使它们受到惊扰，使用长焦镜头能够保持适当的距离，捕捉到自然的画面。

(2) 简化画面，突出主体

使用长焦镜头来缩小视角，不仅能够排除构图中的杂物，还可以简化画面，强化主体的特征或细节。长焦镜头不只是用来拉近主体，拍摄者还可以善用镜头特性拍出有别于一般视觉效果的图像。

对于不易近距离拍摄的对象，使用长焦镜头可以拉近距离，并凸显对象特质。长焦镜头因为焦距较长，所以景深浅，拍摄时选择的对焦点不同，所营造出来的效果及气氛也会不同。但长焦镜头通常体积较大，质量较重，手持拍摄容易造成晃动，最好能提高快门速度或以三脚架来辅助拍摄。

(3) 压缩效果

广角镜头会扩大景物间的距离，而长焦镜头则刚好相反，它会压缩前、后景物的距离，使画面呈现较平面的效果，尤其是距离越远的景物，压缩效果越明显。长焦镜头的压缩特性与人眼平常观看景物的视觉效果不同，拍摄者可以用此特性来营造紧张、压迫、拥挤的气氛。

长焦镜头具有压缩空间感，这种异于一般视觉感受的效果，容易可以引起观赏者的注意力。

1.2.4 微距、鱼眼、移轴镜头分别用来拍什么

除了常用的拍摄镜头外，还有一些拍摄特殊题材的专业镜头。例如，拍摄微距照片时，需要使用微距镜头；拍摄建筑类照片时，为了避免变形，需要使用移轴镜头等。

微距镜头

微距镜头是一种较为特殊的镜头，不需要加装近摄镜或近摄接圈等附件，就能在非常近的距离拍摄微小物体的特写。在近距离拍摄时，这类镜头的分辨率高，畸变像差小，影像对比度高，色彩还原好。

微距镜头的一个特点是，镜头焦距越短，最近对焦距离也就越短。目前常见的专用微距镜头有三类焦距：50mm/60mm 的标准微距镜头，常用于翻拍；90mm/100mm/105mm 的中焦微距镜头，可以兼顾微距摄影、翻拍和人像摄影；180mm/200mm 的长焦微距镜头，在户外拍摄花卉、昆虫时比较容易布光，同时不干扰被摄体。

光圈 F9
焦距 90mm
曝光时间 1/60s
感光度 600

微距镜头可以把物体的细节呈现在眼前，拍出眼睛所观察不到的纹理。微距镜头广泛应用于拍摄鲜花、昆虫等细小被摄体的生态记录图像。通过微距镜头，拍摄者可以将细小的景物拍得很大，有别于一般视觉感受，但要用微距镜头拍出好照片，拍摄者需要充分了解其特性才能在各种场合、题材下发挥所长。

微距镜头景深较浅，要让主体对象都清晰，拍摄者拍摄时要选择合适的角度，并要有一定的耐心，准确对焦。

鱼眼镜头

鱼眼镜头是一种焦距短于 16mm，并且视角接近或等于 180° 的极端广角镜头。为达到最大的摄影视角，这种镜头的前镜片呈抛物状在镜头前部凸出，与鱼的眼睛颇为相似，因此而得名“鱼眼镜头”。

众所周知，焦距越短，视角越大，因光学原理产生的变形也就越强烈。为了达到 180° 的超大视角，鱼眼镜头的设计者不得不做出牺牲，即允许这种变形（桶形畸变）的合理存在，其结果是除了画面中心的景物比例关系保持不变外，其他本应水平或垂直的景物都发生了相应的变化。也正是这种强烈的视觉效果为那些富于想象力和勇于挑战的摄影者提供了展示个人创造力的机会。

移轴镜头

移轴镜头是一种可实现倾角与偏移功能的特殊镜头，其主要目的是调整透视变形，它的对焦方式只有手动对焦一种，通过使用倾角与偏移功能向各种角度和位置转动镜头，可以移动合焦面或对被摄体的形状进行补偿。

移轴镜头除了主要用于建筑摄影及广告摄影外，目前也被用来创作变化景深聚焦点位置方面的摄影作品，其照片效果就像是微缩模型一样，非常特别。

1.3 巧用拍摄模式

拍摄者要充分发挥自己的创意，随心所欲地驾驭手中的相机，就必须对数码相机的各种拍摄模式了如指掌，才能拍摄出完美的画面。拍摄者可以通过数码单反相机上的模式转盘选择要使用的拍摄模式，不同相机的生产厂商和不同型号的相机的模式转盘有所区别，但分类和内容大致相同。

1.3.1 全自动模式

全自动模式是类似于傻瓜相机的拍摄模式，通常标识为AUTO或一个相机图标。全自动模式可以实现自动白平衡、自动亮度优化、自动照片风格、自动曝光和自动对焦这5种自动功能的智能联动。在使用全自动模式时，拍摄者只需要对景物进行构图、对焦，按下快门即可完成拍摄。这在一定程度上可以避免因参数设置不当而导致的失误，使初学者也能够轻松上手。

光圈 F6.3
焦距 17mm
曝光时间 1/160s
感光度 100

全自动模式适合初学者用于记录生活或者拍摄旅游风光，不容易出现曝光失误，但是在景深和曝光控制上很难发挥摄影师的创意。

1.3.2 程序自动模式

程序自动模式又称为程序自动曝光模式。在程序自动模式下，相机自动设置光圈值和快门速度以适应拍摄主体的亮度。除此之外，白平衡、感光度、曝光补偿等参数都可以手动设置。程序自动模式适用于多数场景的拍摄。由于在该模式下，数码相机会依据拍摄场景的明暗程度自动调整光圈及快门速度，因此在没有特殊的拍摄需求时使用程序自动模式进行拍摄，理论上都能拍出不错的影像效果。

光圈 F2.8
焦距 34mm
曝光时间 1/1250s
感光度 640

在程序自动模式下，将曝光补偿降低 1 档，就会发现画面的明暗对比更加分明，立体感效果更加强烈。

1.3.3 光圈优先模式

光圈优先模式是一种半自动拍摄模式，由用户设定所需要的光圈，相机根据主体的亮度自动设置相应的快门速度。

光圈 F2.8
焦距 75mm
曝光时间 1/560s
感光度 200

在弱光环境下拍摄，使用光圈优先模式，设置 f/2.8、f/1.4 这样的大光圈， 同时提高 ISO 感光度和快门速度。由于光圈越大进入镜头的光线就越多，这样能够增强手持相机拍摄的稳定性，更容易拍摄到清晰的照片。

1.3.4 快门优先模式

快门优先模式是一种半自动拍摄模式，由用户设定快门速度，相机根据主体的亮度自动设置相应的光圈值。快门优先模式是表现动感或者凝结瞬间经典场景的最佳模式。

光圈 F6.3
焦距 55mm
曝光时间 1/1000s
感光度 100

拍摄运动主体时，为了在照片上凝固快速运动的被摄对象，常常使用快门优先模式，设置比较高的快门速度。

光圈 F3.2 焦距 200mm 曝光时间 15s 感光度 800

使用 1/30 秒以下甚至达到数秒的低速快门拍摄时，由于快门速度慢，会记录下运动物体的轨迹画面。

1.3.5 手动曝光模式

手动曝光模式可以由摄影师根据自动测光系统提供的参考值来决定光圈和快门。手动曝光模式比较适合专业拍摄者使用。在熟悉的场景中拍摄时，摄影师可以根据测光表的读数以及所积累的经验更好地设置各项参数。另外，通过自行控制曝光组合，也可以刻意地设置适当的曝光不足或者曝光过度，以满足特殊的创意需求。

光圈 F10
焦距 32mm
曝光时间 1/400s
感光度 800

在拍摄雪景时，摄影师通过手动曝光故意使画面曝光过度，拍摄出高调风光作品。需要注意的是，手动模式不能设置曝光补偿。

1.3.6 情景模式

很多摄影初学者在使用数码相机时，面对众多场景不知如何选择摄影模式并进行正确的设置。情景模式就是针对一些常见的场景进行预先设置。在相应模式下，拍摄者只需要选择菜单中相对应的情景模式，相机就能自动选择最合适的设置，拍摄出满意的效果。

人像拍摄模式

有些摄影初学者还不习惯通过设置白平衡，光圈和快门数值、色调以及色彩空间等拍摄参数来营造浅景深、自然白皙的皮肤色调，使用相机提供的人像拍摄模式是拍摄人像的快捷方法。在人像拍摄模式中，相机会尽量打开镜头的光圈，从而营造出浅景深的效果，虚化朦胧背景，进而突出被摄主体。

光圈 F1.8
焦距 85mm
曝光时间 1/200s
感光度 200

人像拍摄模式的优点是可以利用大光圈对皮肤色调进行优化，造成浅景深、低对比度、白皙的肤色，即使是新手也能轻松拍摄出主体突出、背景虚化的人像照。

风景拍摄模式

风景拍摄模式和人像拍摄模式的光圈运用正好相反。人像拍摄模式尽量使用大光圈营造浅景深，而风景拍摄模式则尽量使用小光圈来营造大景深。

风景拍摄模式会自动采用较小的光圈和低 ISO 感光度，从而获得大景深效果、清晰的细节、饱和的色彩。风景拍摄模式经常用于拍摄壮美、辽阔的风光，如果使用广角或超广角镜头，可进一步营造出更宽广的视野、更清晰的景深。

光圈 F11 焦距 10mm 曝光时间 0.6s 感光度 100

风景拍摄模式的优点是即使是新手也能轻松拍摄出色彩艳丽、景深极大的风光照；缺点是在光线不足的环境下，手持拍摄时，容易因为手抖而导致照片模糊。

提示：

风景拍摄模式多用于白天的风景拍摄，内置闪光灯和自动对焦辅助照明灯会自动关闭，因为闪光灯光量无法到达远方的景物。拍摄时建议使用三脚架，避免由于手抖而导致照片模糊。

运动拍摄模式

运动拍摄模式主要是运用数码相机的高速快门和高速连拍功能，抓拍高速运动主体的精彩瞬间，即便是摄影新手也能够轻松地拍摄赛车、运动员和飞鸟等对象的瞬间动作。

在运动拍摄模式下，相机会尽量提高快门速度，使运动中的主体表现清晰。拍摄时若光线不足，相机可能无法锁定高速移动的主体，因此建议在光线较好的情况下使用运动拍摄模式。配合长焦镜头的使用，拍摄者可以在距离较远的位置抓拍运动瞬间。

光圈 F5.6
焦距 300mm
曝光时间 1/350s
感光度 200

在运动拍摄模式下，相机会启动连续对焦和高速连拍功能，方便用户连续拍摄，捕捉每一个精彩瞬间。高速连拍的缺点是会很快消耗数码相机的存储空间。

提示：

运动拍摄模式下的快门速度是相机自行设定的，如果用户想要采用慢门拍摄，运动拍摄模式就不能达到要求。此时，快门优先模式更适合拍摄动态的主体，其快门速度是可控的。

微距拍摄模式

微距拍摄模式主要用来近距离拍摄花鸟鱼虫之类较小的拍摄对象，在该模式下可以放大这些对象，展现其特有的细节。在微距拍摄模式下，如果结合使用三脚架进行拍摄，可以获得更加清晰的细节画面。

光圈 F4
焦距 72mm
曝光时间 1/500s
感光度 125

微距拍摄模式的优点是对于物体的近拍，可以大大提高拍摄的成功率，缺点是该拍摄模式一般使用的光圈较大，景深较浅。

夜景拍摄模式

夜景拍摄模式主要用来捕捉夜间风光。因为夜间光线亮度较低，使用夜景拍摄模式，相机会自动降低快门的速度，还会自动关闭闪光灯，增加曝光时间，从而获得正常的曝光。

光圈 F5.6 焦距 55mm 曝光时间 1s 感光度 400

夜景拍摄模式的优点是能够很好地再现景色；缺点是该拍摄模式下，快门速度较慢，最好使用三脚架进行拍摄，手持拍摄得到清晰画面的成功率较低。

夜景人像模式

夜景人像模式专门用于在室外微光下或在夜间拍摄人物。闪光灯照亮人物主体，慢速同步快门获得背景的正确曝光，同时较好地表现人物和背景，避免通常闪光拍摄时容易出现的背景完全变黑的情况。

光圈 F1.2
焦距 85mm
曝光时间 1/160s
感光度 200

为了在暗光环境下照亮主体人物，相机会自动启用闪光灯。相机自动设置较慢的快门速度，这就要求人物在闪光灯闪光后继续保持不动，直到快门关闭，完成对背景的正确曝光。

Chapter 02 拍摄前必知的六个要点

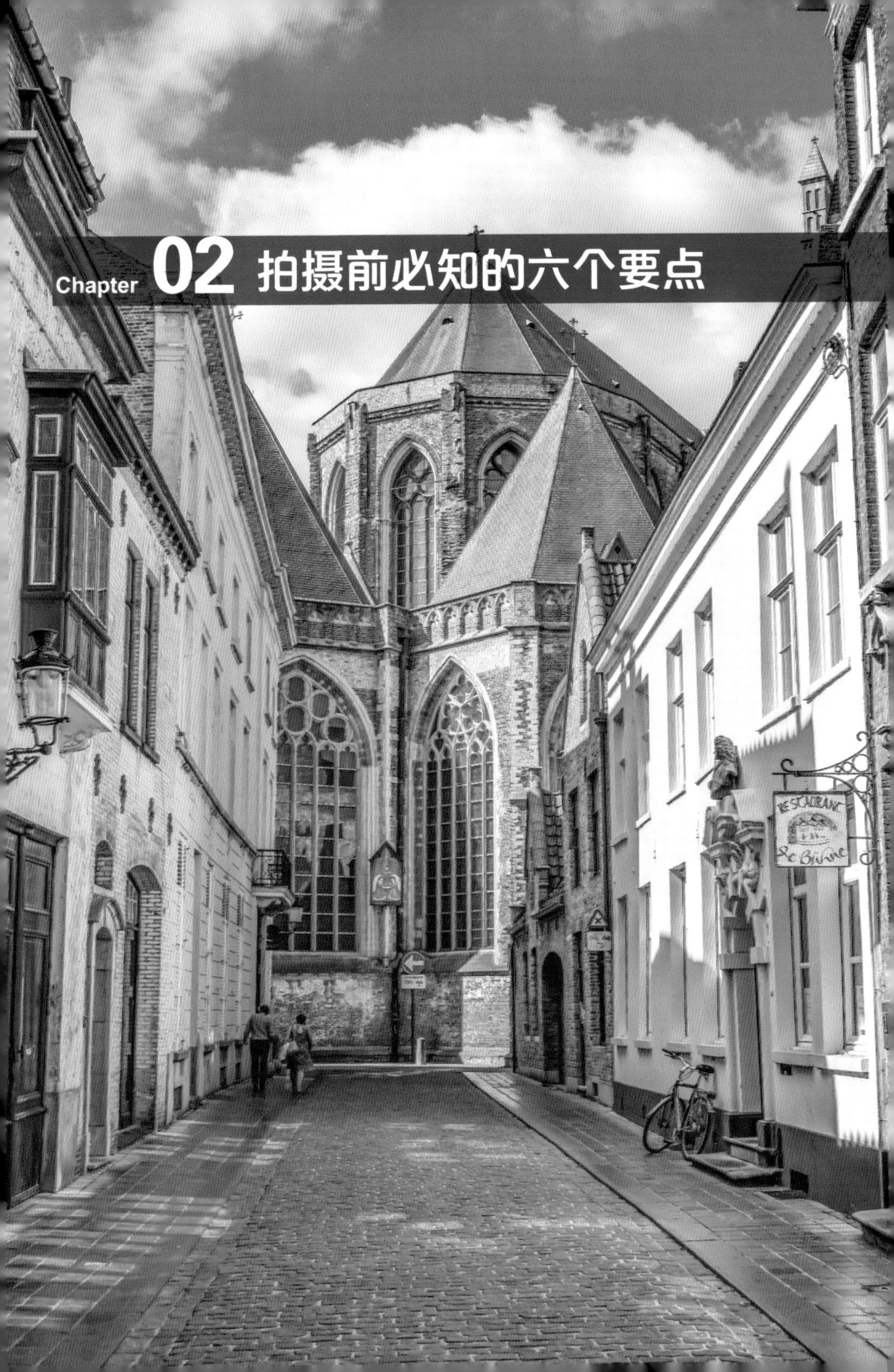

2.1 掌握正确的对焦方式

许多摄影初学者在拍照时往往忽略对焦的重要性，认为只要有相机的自动对焦功能就能拍出清楚的照片，结果却在拍摄后发现不少照片的主体是模糊的，其原因就是不了解相机的对焦功能所造成的。

2.1.1 认识与选择对焦点

在一个画面当中，每个物体的远近不一，因此无法令每一物体都清晰地投射在相机的焦点平面上，此时只能选择其中一个主要的物体作为对焦的主体，这个对焦主体的位置就是对焦点。传统相机大都只有一个中央对焦点，所以完成对焦工作后，还要再移动相机进行构图，使用起来很不方便。现在的数码相机都采用多对焦点设计，可以解决摄影者对焦后还要进行构图的问题。

光圈 F5.6
焦距 230mm
曝光时间 1/400s
感光度 200

一般数码相机的对焦点，以中央对焦点的准确度最高，其他对焦点次之；只有专业级的数码相机，每个对焦点都与中央对焦点一样准确。

拍摄者要拍出一张高质感的影像，最基本的要求就是影像要清晰，而决定影像清晰与否的关键在于对焦是否准确，拍摄者是否熟悉相机的对焦系统。下面介绍选择对焦点的方法，让拍摄者在各种场合下，都能快速进行对焦操作。

多点自动对焦

使用多点自动对焦功能可以在抓拍照片时，只需要选择自动区域、自动对焦模式，构图后按下快门按钮就大功告成了。相机能够利用亮度和色彩信息对拍摄对象进行分析和识别，自动确定适合的对焦点。

光圈 F1.8
焦距 28mm
曝光时间 1/1600s
感光度 200

使用多点自动对焦模式拍摄时，相机自动检测和识别场景，确定适合的对焦点，快速完成抓拍。

单点自动对焦

使用多点自动对焦模式时，如果被摄主体前后存在干扰对象，采用这种对焦方式容易选错对焦对象，使本身应该合焦的主体未能清晰地显示在画面上。这种情况下，拍摄者可以使用单点自动对焦模式。使用单点自动对焦模式在拍摄照片时，可以准确选择对焦位置，而完全不受前后位置关系的影响。

动态区域自动对焦

动态区域自动对焦模式允许摄影师选用 9、21 或 39 个对焦点进行拍摄，精确、可靠地捕捉快速移动的对象。9 个对焦点适合有时间进行预测和构图的拍摄对象，如跑道上的运动员、赛车等主题的拍摄。21 个对焦点适合不可预测运动方向的拍摄对象，如足球场上的运动员。39 个对焦点适合迅速移动，难以在取景器中构图的对象，如飞鸟。

光圈 F8
焦距 43mm
曝光时间 1/640s
感光度 100

采用 39 点动态区域自动对焦，可以同时锁定多个对象，大大提高拍摄的成功率。

3D 跟踪自动对焦

如果拍摄对象在对焦后移动，使用 3D 跟踪选择新对焦点，并且在半按快门按钮期间，将对焦锁定于原始拍摄对象。采用这种方式，拍摄者可以跟踪不规则运动的对象进行持续拍摄。

光圈 F5.6
焦距 300mm
曝光时间 1/1000s
感光度 200

选择对焦点后，在半按快门按钮对焦的过程中，相机的自动跟踪功能能够更好地识别并捕捉到被摄体的颜色，并根据它的运动轨迹自动切换对焦点，这样就能够更加准确地追踪到不规则运动的被摄主体。

2.1.2 相机的对焦模式

数码相机大多提供了 3 种自动对焦模式，包括单次自动对焦、连续自动对焦和智能自动对焦。在不同厂商生产的相机上，它们的名称有所区别。

单次自动对焦

单次自动对焦是最为常用的自动对焦方式，佳能称之为“单次自动对焦”(ONE SHOT)，尼康称之为 AF-S，这种对焦模式适用于拍摄静止主体，如风光、静物等。

光圈 F4
焦距 50mm
曝光时间 1/320s
感光度 400

单次自动对焦适用于拍摄静止主体。对焦后保持半按快门可以重新构图取景。

单次自动对焦的工作过程：半按快门启动自动对焦，在焦点未对准前对焦过程一直在继续。一旦处理器认为焦点准确以后，自动对焦系统停止工作，焦点被锁定，取景器中的合焦指示灯亮起。只要将快门完全按下就完成了一次拍摄过程。

光圈 F3.5
焦距 50mm
曝光时间 1/100s
感光度 400

使用单次自动对焦拍摄静止主体，可以有效提高对焦准确度，避开周围环境的干扰，拍摄出主体清晰的照片。

连续自动对焦

由于单次自动对焦不能很好地锁定运动中的物体，给拍摄带来了很大的麻烦，因此也就产生了连续自动对焦模式。在佳能相机中，连续自动对焦又叫“人工智能伺服自动对焦”(AI SERVO)；在尼康相机中，连续自动对焦又叫“连续伺服AF”(AF-C)。

连续自动对焦适用于拍摄运动主体，比如拍摄体育比赛中的运动员、新闻发布会中的发言人，以及捕捉运动中动物的精彩瞬间等。

提示：

与单次自动对焦过程不同的是，连续自动对焦在处理器认为对焦准确后，自动对焦系统继续工作，焦点也没有被锁定。因此，即使合焦时，系统也不会发出提示音，取景器中的合焦确认指示灯也不会亮起。当被摄主体移动时，自动对焦系统能够实时根据焦点的变化驱动镜头调节，从而使被摄主体一直保持清晰的状态。这样在完全按下快门时就能保证被摄主体对焦清晰。

智能自动对焦

智能自动对焦是一种可根据被摄主体的状态(静止或运动)，相机自动选择单次自动对焦模式或连续自动对焦模式，并能自动追踪高速运动的被摄主体的智能型自动对焦控制模式。在佳能相机中，智能自动对焦又叫“人工智能自动对焦”(AI FOCUS)；在尼康相机中，智能自动对焦又被称为“自动伺服 AF”(AF-A)。

从理论上讲，单次自动对焦和连续自动对焦能够满足大多数拍摄场景的需要。但是在长期的实际拍摄过程中，会出现一些问题，比如长期处于连续自动对焦模式下，数码相机的耗电量较大，另外，还会出现被摄主体从相对静止状态突然转换到运动状态，或者相反的情况。智能自动对焦很好地解决了上述问题。这种将单次自动对焦和连续自动对焦结合起来的方式，更适合在被摄主体动、静不断切换的场景下使用。相机能够根据被摄物的移动速度自动选择对焦方式，内部的测距组件不断地测量自动对焦区域内的影像，并实时传送到处理器中。当被摄主体静止不动时选择单次自动对焦；当被摄主体运动时，选择连续自动对焦。由于切换工作由处理器来完成，因此摄影师只需要按动快门即可。

光圈 F5.6
焦距 105mm
曝光时间 1/500s
感光度 200

对难以预测动作变化的主体，使用智能自动对焦模式拍摄，可以让相机根据主体的动作自动选择合适的对焦模式，更好地捕捉主体形态。

2.1.3 常见拍摄题材的对焦点选择

对于常见的拍摄题材，如何选择对焦点的位置是有一定窍门的。

人像摄影的对焦选择

人物的特写照片一般以人物脸部为表现重点。这类照片需要通过表情和神态来达到刻画人物特征乃至内心的目的。眼睛是拍摄人物特写时焦点的第一选择。人物采取半侧面角度进行拍摄时，以靠近相机一侧的眼睛作为焦点是最好的选择。

光圈 F1.8
焦距 85mm
曝光时间 1/2000s
感光度 200

➲ 在拍摄包括人物半身或全身的肖像时，相机无法对人物的眼睛进行精确对焦。那么，摄影师可以快速选择将人物的头部作为对焦点。无论是为了表达人物的动作还是人物的神态，人物脸部都是拍摄的关键。

提示：

拍摄合影时，摄影师可以寻找一个关键人物作为焦点并进行追踪对焦，同时留意其他人物的动态，当其他人物和关键人物的位置关系达到和谐统一时，及时按下快门即可完成拍摄。

风光摄影的对焦选择

当拍摄一览无余的大场景时，摄影师可以选择对焦在无穷远处，下图中对准远山对焦，就可以获得理想的对焦效果。

光圈 F8
焦距 14mm
曝光时间 1/500s
感光度 125

光圈 F4.2
焦距 62mm
曝光时间 1/400s
感光度 200

如果场景中有明确需要突出的重点，那么就对准该点对焦，左图选择山谷中的小屋作为对焦点。

当纳入了大量前景，并想让前景的效果清晰时，就需要对准前景进行对焦。在对焦的过程中，摄影师不必一定要对准距离镜头最近的前景，也可以运用超焦距，将对焦点对准在超焦距点的位置，这样就可以获得最大限度的前后景深范围。

提示：

在实际拍摄时，当希望远处的景物和尽可能近的景物都在景深范围内时，选择超焦距点和设置较小的光圈才是最佳的选择。

生态摄影的对焦选择

拍摄动物类照片时，对焦点一定要选择眼睛对焦，这样才能拍出动物的神韵。

拍摄花卉时，对焦点的选择有两种情况，如果是远距离拍摄，那么选择花瓣进行对焦即可；如果是近距离拍摄花卉特写，那么选择花蕊进行对焦是最好的选择。

2.2 光圈——拍摄成功的关键

一张照片的景深大小会影响视觉焦点和画面主题，而影响景深大小的关键就在于拍摄时设定的光圈数值、镜头焦距和拍摄距离。除此之外，光圈还控制着按下快门时的瞬间进光量，孔径越大则快门速度越快。因此，只有了解光圈大小对影像的影响，才能掌握成功拍摄的要素。

2.2.1 什么是光圈

要获得正确曝光的作品，必须使用正确的光圈和快门速度搭配才行。在了解正确曝光的方法之前，首先要了解光圈。光圈是控制光线通过镜头进入相机进光量的装置，大小以 f 值表示，由位于镜头内的数片金属片，也就是光圈叶片组合而成。如果镜头上方有手动光圈环，可以试着转换不同的光圈数值，即可发现光圈数值变动时，镜头内的金属片也会有所变化，从而调整孔径大小。当光圈越大 (f 数值越小) 时，在单位时间内，能通过的光线量就越多，因此快门速度就越短，而快门结构就是用来控制光线通过时间的一个装置。为了得到正确的曝光，光圈和快门的组合至关重要。

光圈值从 1.4、2、2.8、4、5.6、8、11、16、22 等依序排列，光圈 f 值越小，表示孔径越大；反之，光圈 f 值越大，表示光圈的孔径越小。调整光圈主要起到三方面的作用，即控制曝光量、改变快门速度和控制画面的景深。

提示：

在每款镜头的各挡光圈中，通常有一、二挡在画质表现上要优于其他挡位，而这几级光圈就是最佳光圈。根据镜头光圈设计的不同，最佳光圈的挡位也不尽相同。一般来说，最佳光圈往往出现在镜头光圈级数的中间位置，如 F5.6、F8、F11 等。对于拍摄者来说，为了能够在实际拍摄时获得最佳的图像质量，可以在条件允许的情况下尽量选择最佳光圈进行拍摄。

2.2.2 光圈的作用

调整光圈主要起到三方面的作用，即控制曝光量、改变快门速度和控制画面的景深。

控制曝光量

光圈越小，进入相机感光元件的光线就越少，照片就会偏暗；光圈越大，进入相机感光元件的光线就越多，照片就会偏亮。

在光线条件不佳的情况下，使用大光圈，能使更多的光线进入相机的感光元件中，此时照片效果就会比较亮，色彩更鲜亮，背景更加柔和、自然。

改变快门速度

在室内、阴天、傍晚等光线较弱的环境下拍摄时，如果使用较小的光圈，快门速度会降低，可能会因为手持拍摄出现抖动而导致画面模糊，增大光圈能够提高快门速度，以达到安全手持快门速度。

光圈 F2.8
焦距 13mm
曝光时间 1/400s
感光度 400

在暗光环境下拍摄时，建议使用三脚架，以保证画面的清晰。如环境不适合使用三脚架，拍摄者可以增大光圈，以提高快门速度。

控制画面的景深

光圈的另一个重要的作用是控制画面的景深。使用大光圈，可以获得背景模糊的浅景深效果；使用小光圈，画面景深长，背景比较清晰。

光圈 F8
焦距 16mm
曝光时间 1/80s
感光度 200

使用小光圈，画面景深长，背景比较清晰。

2.2.3 什么是景深

在拍摄照片时，一般都是先对焦再拍摄，理论上相片中只有被准确对焦的部分（焦点）清晰，焦点前及焦点后的景物会因在焦点外而显得模糊。但由于镜头、拍摄距离等因素，在焦点前后仍有一段距离的景物能够被清晰显示，而未落入模糊地带，这个清晰的范围便称为景深。景深通俗地说就是在所谓焦点前后延伸出来的可接受的清晰区域。景深较浅时，对焦准确的部分清晰，其他部分逐渐模糊；相反，景深越深，越能实现全景对焦。

光圈 F8
焦距 105mm
曝光时间 1/125s
感光度 200

使用深景深（也称为长景深）拍摄的照片，可以使画面中的所有景物都显得十分清晰，一般适合用来拍摄风光照片。

光圈 F2.8
焦距 60mm
曝光时间 1/15s
感光度 200

浅景深的照片，只有焦点部分才会清晰显示，焦点外的地方显得十分模糊，常用来拍人像和静物，把前景和背景分离，更好地突出主体。

2.2.4 控制景深的因素

画面中清晰的部分总能最先吸引观赏者的视线。不同的景深效果能赋予照片不同的表现力。而影响景深深浅范围的因素包括光圈大小、镜头焦距及拍摄距离。

光圈对景深的影响

影响景深的因素之一是光圈大小，它可以在不改变拍摄位置和透视角度的情况下改变景深效果。光圈与景深的关系成反比，即光圈越小，景深越深；光圈越大，景深越浅。

光圈 F2.8
焦距 60mm
曝光时间 1/15s
感光度 200

光圈大，景深浅，背景显得模糊。拍摄花卉时，浅景深可以让背景变得非常模糊，更好地突出表现主体。

焦距对景深的影响

在同一光圈和拍摄距离不变的前提下，镜头的焦距与景深的关系也成反比。镜头焦距长，视角小，结像大，景物空间得到高度压缩，景深范围小；镜头焦距短，视角大，结像小，景物空间透视感大，景深范围大。

光圈 F8
焦距 24mm
曝光时间 1/200s
感光度 200

拍摄深景深照片时，只要采用小光圈和短焦距就可以轻松获得深景深的照片。左边这张照片就是采用小光圈和短焦距的典型效果。

拍摄距离对景深的影响

在光圈和镜头焦距不变的前提下，被摄主体与相机之间的距离不同，它的景深也不同。拍摄距离与景深的关系：拍摄距离越远，景深越深，清晰的范围越大；拍摄距离越近，景深越浅，清晰的范围越小。

2.2.5 光圈的应用

在焦距相同的条件下，通过改变光圈值可以得到不同的画面效果。光圈值越小，景深就越浅；光圈值越大，景深就越深。拍摄者可以根据不同的被摄主体对象，选择应用不同的光圈。

大光圈的应用

大光圈的优势非常明显。在拍摄时，大光圈能够加大单位时间内相机的进光量，明显缩短曝光时间，提高手持拍摄的稳定性；另外，大光圈能带来足够浅的画面景深，对背景有很好的虚化效果，是突显主体的必用手法之一。

光圈 F1.2
焦距 85mm
曝光时间 1/640s
感光度 200

使用大光圈表现青春靓丽的少女，主体突出，背景得到很好的虚化，画面简洁干净。

光圈 F1.4
焦距 50mm
曝光时间 1/2500s
感光度 200

拍摄风光时，为了突出某个细节，或是拍摄花草动物时，为了突出单个主体，都可以使用大光圈缩小画面的清晰范围，锁定观赏者的目光。

中等光圈的应用

在复杂光线环境下拍摄，使用中等光圈一方面能够保证镜头的通光量，以获得安全的快门速度；另一方面可以使清晰范围大一些。这样，不会因为长时间调焦，而失去抓拍精彩画面的时机。使用 F5.6、F6.3 这样的中等光圈可以很好地兼顾快门速度和背景的清晰度，让那些引人注目的题材有足够的施展空间。

小光圈的应用

小光圈的表现效果与大光圈相反，画面景深大，清晰范围较广，对大场面的呈现十分有利。

光圈 F22
焦距 17mm
曝光时间 1/8s
感光度 600

小光圈经常在风光摄影中被用到。小光圈得到的大景深，使画面前后的景物都清晰地呈现，能够很好地表现出风光画面的层次感和空间感。

光圈 F16
焦距 80mm
曝光时间 1/14s
感光度 600

拍摄微距题材时，小光圈也是比较常用的，因为过于浅的景深反而不利于细节的表现，所以小光圈能帮助拍摄者获得合适的景深范围。

2.3 快门——决定照片的清晰度

快门速度的高低与拍摄环境的光线强弱有关。只要懂得如何配合使用光圈、感光度与快门速度这三个影响曝光的要素，就可以随时捕捉到凝结主体瞬间的画面，也可以让画面中的主体表现出韵律感。

2.3.1 快门的作用

调整快门主要起到两方面的作用：一方面是控制曝光量；另一方面是表现画面的动态或静态的视觉效果。

快门速度指的是光线进入感光元件的时间，它与感光度、光圈同为控制影像曝光量的三大要素。在光圈值与感光度不变的情况下，影像的曝光量取决于快门速度，而快门速度又取决于现场环境光源的强弱。例如，在白天户外或灯光明亮的室内等光源充足的环境中拍摄，影像所需的快门速度就快；在夜景或室内等光源较为微弱的环境中拍摄，影像所需的快门速度就慢。

快门速度越慢，进入到相机感光元件的光线就越多，照片就会亮一些。快门速度越快，进入到相机感光元件的光线就越少，照片就会暗一些。

快门只要开启，数码相机的感光元件就会开始感光并成像，所以快门开启的时间长短，决定了影像主体的运动或凝结。比如拍摄水流，用高速快门就可以凝结水的流动，仿佛使时间停止一般；若使用低速快门，在曝光期间，溪水不断流动，感光元件将所拍摄的残影连接起来，使水流呈现出如绢丝般的光滑亮丽。

1/100s

1/13s

当然，被摄主体的运动或凝结，与摄影师所想要表现的意象有关。而在表现意象的背后，掌握扎实的摄影基础就显得相当重要了。例如，在拍摄晨昏风景时，由于光线不足，快门速度会变慢，此时若不使用三脚架稳定相机，就会拍出模糊的照片，无法表现摄影师的意图，这样便失去拍摄的意义。因此，只有了解基本技法，才能顺利表现摄影师的意图。

2.3.2 快门速度的表示方法

快门速度的单位是秒 (s)，数码单反相机常见的快门速度由慢到快分别为 30s、15s、8s、4s、2s、1s、1/2s、1/4s、1/8s、1/15s、1/30s、1/60s、1/125s、1/250s、1/500s、1/1000s、1/2000s、1/4000s、1/8000s 等，从低速到快速曝光时间是削减一倍的。例如，1/60s 的曝光容许光线进入的时间只有 1/30s 的一半。快门速度的基本作用就是控制光线照射感光元件的持续时间，时间越短，光线越少，它们之间成正比。如果把快门时间提高一档，那么光线就会减少一半。

在拍摄静物时，快门速度越慢，进入到相机感光元件的光线就越多，照片就会亮一些；快门速度越快，进入到相机感光元件的光线就越少，照片就会暗一些。在拍摄运动的物体时，相机的快门速度是一个相对的概念。足够快的快门速度才能够拍摄到清晰的影像。如在拍摄瀑布或者水流时，1/250s 以上的快门速度可以冻结溪流的瞬间景致，使跃动的水珠在阳光下能呈现出清新、亮丽的画面。

光圈 F16
焦距 90mm
曝光时间 1/160s
感光度 300

冻结瞬间的画面往往给人相当震撼的感受，因为它可以表现许多连肉眼都看不到的画面，让时间永远停驻。

提示：

一般将安全快门速度定义为“1/ 镜头焦距”。例如，使用 15mm 焦距的镜头，安全快门速度为 1/15s。但实际上，安全快门速度应以影像的放大倍率来定义，因为镜头视角越窄（焦段越长），影像放大比例越高，轻微的震动也能体现出来。不过，养成良好的拍摄习惯或使用三脚架，可以确保影像的清晰度。

2.3.3 决定快门速度的因素

快门是控制曝光时间的装置，而曝光时间的长短就是用快门速度来表示的，快门速度的设定不是随心所欲的，实际的拍摄中有各种因素制约着快门速度，其中最主要的是光线的强弱和物体移动的速度。

光圈 F6.4
焦距 82mm
曝光时间 1/450s
感光度 300

实际拍摄环境的光线是设置快门速度的前提，在光线较强的环境下，快门速度一般都比较快，不然容易造成画面曝光过度，而光线较弱的环境下，快门速度一般都比较慢。

光圈 F25 焦距 13mm 曝光时间 20s 感光度 600

在拍摄移动的主体时，快门速度就需要根据主体移动的快慢，以及拍摄者想要表达的效果而定了。在光线不变的情况下，被摄体移动快，就需要较快的快门速度才能捕捉清晰的瞬间画面，不过有时也特意用慢快门来表现运动趋势。

2.3.4 快门速度的应用技巧

只有正确地使用快门速度才能够获得所需效果的最佳瞬间，有助于表现作品的主题。特别是应用慢速快门设置，拍摄时能够展现出非同寻常的画面效果。很多特殊的效果是人眼在自然状态下无法看到的，这也是摄影的独特魅力所在。

表现凝结的瞬间

高速快门通常用来凝结瞬间的动作，只要快门速度够快，无论移动速度多快的物体，都能定格在画面中。不过快门速度取决于现场环境的光线、光圈和感光度，在无法改变现场环境的条件下，摄影师只能通过放大光圈、提高 ISO 值来提升快门速度。至于拍摄时需要使用多快的快门速度，这要根据拍摄题材和使用的镜头焦距而定。若使用 600mm 长焦镜头，所需的安全快门速度就需要 1/600s；而使用 15mm 超广角镜头，只需 1/15s 就够了。

表现动感的画面

使用高速快门来拍摄主体，让画面看起来仿佛停止一般，但这种静止的感觉并非适用于所有场合，有时使用低速快门使影像呈现出流动感，更能突显画面的热闹或者生气蓬勃。其实，低速快门就是延长曝光时间，当被摄主体是移动的物体时，在画面中就会出现残影。比如在拍摄城市夜景时，就可以使用低速快门来拍摄路上的车流。由于曝光时间变长，移动的对象在画面上拖动出各式各样彩色的线条，让平凡的景色呈现出热闹动感的一面。

光圈 F10
焦距 18mm
曝光时间 15s
感光度 600

需要注意的是，曝光时间变长，画面中产生的噪点也会增加，拍摄时建议开启降噪功能，保持画面的细腻度。

2.4 ISO 感光度

数码相机除了拥有即拍即看的优势外，还具备高感光度的设置。拍摄者可以依据拍摄场景的需要快速变更所需要的感光度值，这极大地方便了影像的创作。

数码相机的 ISO 值即“感光度”。ISO 感光度可以随时根据拍摄环境和光线的变化更改设置，除了常用的 ISO100~400 外，更有 ISO800~3200 的超高设置。数码相机的最大优势就是能够灵活应用高感光度进行拍摄。

高感光度能间接提高快门速度，进而避免影像模糊。遇到光线比较暗的拍摄场景时，利用高感光度能增加拍摄的成功率，但是使用高感光度拍摄的同时必须考虑噪点问题。

光圈 F13
焦距 35mm
曝光时间 1/125s
感光度 200

➲ 一般来说，低感光度多数在户外拍摄中使用，因为户外光线充足，快门速度较快，所以使用低感光度就能满足拍摄需求。

2.4.1 ISO 感光度对照片画质的影响

一般来说，噪点都产生在画面的暗部，所以在户外光线充足的地方进行拍摄时一般不容易产生噪点；而在室内或者光线弱的环境下，则可能产生噪点。另外，如果光学镜头使用的变焦倍率过高，镜头的透光度不足，也很容易导致噪点的产生。因此，在拍摄的时候，不论是感光度的设置，画面明暗的分布，还是镜头焦距的使用，都必须先考虑噪点的问题。要解决噪点问题，除了尽量使用低感光度拍摄外，利用相机内置的降噪功能也是不错的解决方案。虽然控制效果还是相当有限，但是对于画质的控制来说，还是可以提供一定的帮助。

光圈 F2
焦距 23mm
曝光时间 1/30s
感光度 200

➲ 在光线环境弱的情况下，可以通过 ISO 值来增加照片的亮度，使影像画质看起来相当纯净。

2.4.2 ISO 感光度与快门速度的关系

在同样的曝光条件下，ISO 感光度的高低与快门速度成正比。ISO 感光度越高，快门速度越快；相对地，ISO 感光度越低，快门速度则越慢。

光圈 F2
焦距 23mm
曝光时间 1/30s
感光度 200

选择更高的 ISO 感光度，在光圈不变的情况下能够使用更快的快门速度获得同样的曝光量。因此，在光线较暗的情况下进行拍摄，可以选择较高的 ISO 感光度。

光圈 F11
焦距 16mm
曝光时间 50s
感光度 100

为了表现动感题材，可采用低速快门并使用三脚架获得稳定支撑。使用低 ISO 可以防止曝光过度，获得细腻的画质。

2.4.3 ISO 感光度在拍摄中的设置

ISO 数值越高，说明感光材料的感光能力越强，但不是感光度越高，拍摄效果就越好。和传统相机一样，低 ISO 值适合拍摄清晰、柔和的画面效果，而高 ISO 值可以补偿光线不足的环境。

低感光度

ISO200 以下的感光度被统称为低感光度。一般来说，低感光度大多数在户外场景拍摄中使用，因为户外环境光线较为充足，快门速度较快，所以使用低感光度就能满足户外场景的拍摄需求。此外，低感光度也常用于夜景或其他需要长时间曝光的场景，因为长时间曝光本身就会产生一定的噪点，对于影像质量甚至光圈和快门速度的调整也会造成一定程度的影响，所以如果长时间曝光，最好将感光度调至最低，这样才能将影像画质控制在所需范围内。

光圈 F7.9
焦距 6mm
曝光时间 1/300s
感光度 50

在拍摄风景时，采用小光圈可以拍摄到长景深的照片。但是，由于小光圈会导致进光量不足，快门速度降低，如果没有携带三脚架，可以调高 ISO 以保证画面清晰。

光圈 F22
焦距 20mm
曝光时间 20s
感光度 100

为了很好地表现动态题材的流动感和速度感，需要采用低速快门并使用三脚架获得稳定的支撑。这时，使用低 ISO 可以防止曝光过度，再采用低速快门，可以获得细腻的画质。

高感光度

在低光源环境下，运用高感光度进行拍摄，除了可以捕捉所需画面外，还能将现场环境氛围保留下来，让影像画面看起来更加自然。另外，拍摄者也要注意镜头焦距的选择，因为焦距越长，不仅光圈越小，影像模糊的概率也会变高，所以在拍摄时最好将镜头焦距控制在广角端位置，同时搭配高感光度拍摄，这样就能捕捉到清晰且画质理想的影像画面了。

提示：

使用镜头的长焦端进行拍摄时，手持相机容易造成画面抖动，建议提高 ISO 设置。在抓拍动态题材时，由于拍摄对象处于运动状态，调高 ISO 可以提高快门速度，以保证拍摄到清晰的画面。

在一些低光源环境下，使用高感光度就能成功手持拍摄。但由于高感光度容易产生高噪点，如果用户在意影像质量，建议最好将感光度控制在ISO400～800，这样才能让影像画质完美呈现。

2.5 白平衡——决定色彩的关键

数码相机无法像人眼一样会自动修正光线的改变。因此，在不同的光源下进行拍摄，数码相机经常会产生不同程度的色偏。使用数码相机的白平衡设置可以修正影像的色偏，有时也可以改变照片的冷、暖色调。

目前，大多数数码相机都有自动、晴天、阴天、钨丝灯、荧光灯、自定义(手动)等多种白平衡模式可供选择。拍摄者只要根据不同场景选择不同的白平衡模式，就能拍摄出和所见场景相近色温的影像。但这并非绝对定论，举例来说，如果在阴天时使用晴天模式拍摄，反而可以得到更为真实的影像色调，不像是使用阴天模式时所带来的偏黄暖色调。所以拍摄者在使用白平衡模式时，不要墨守成规，只要根据自己的喜好选择合适的白平衡模式，就能获得符合自己创作意图的影像色调。

2.5.1 常用白平衡种类

数码相机内置多种白平衡模式，如自动、晴天、阴天、钨丝灯、日光灯模式等，拍摄者只需要依据不同场景选择适合的白平衡模式，就能拍出和现场景物色彩接近的影像。

自动模式

自动模式由相机依据当时的拍摄情况自动调整白平衡，它适用于一般场合，如晴朗的户外场景、室内灯场景。但在复杂或特殊的光线下，自动白平衡模式有时候并不十分准确。数码相机的色温检测功能并不是万能的，在某些情况下，数码相机的自动白平衡功能会失灵，出现偏色现象。

晴天模式

晴天模式又称为日光模式，主要用来修正阳光对感光组件所造成的微红现象，适用于户外天气晴朗的环境，拍照时如果从 LCD 上发现影像有偏红的现象，不妨试着利用此模式进行改善。由于日光模式有修正偏红的特性，它可以对画面产生偏蓝、偏绿的影响，因此，拍摄绿色植物、夜间霓虹灯、烟火等需要刻意加强蓝绿色的情景下，也可以采用日光模式。

光圈 F2.5
焦距 50mm
曝光时间 1/1600s
感光度 100

晴朗天气的户外拍摄，在自动白平衡模式下，影像有些偏红。使用日光模式，可以修正偏红的现象。

阴天模式

阴天模式又称多云模式，主要用来修正天空多云时感光组件会有微微偏蓝的现象，适用于阴天多云的环境，对于一些较为昏暗的拍摄场景，如清晨、黄昏、阴影处等也都适用。

阴天时的天空下，蓝色会比晴天时稍重。阴天模式会稍微增加一些黄色调来补偿蓝色调。

钨丝灯模式

钨丝灯模式又称“白炽灯”或者“室内光”模式，一般用来修正米黄色光源对感光组件所引起的偏红黄的现象，适用于以钨丝灯、卤素灯为主要光源的场合，不过对于白色光源的节能灯泡而言没有太大作用。

在白炽灯照射下，影像会呈现橙黄色调。钨丝灯模式会添加蓝色，纠正暖色的光线，还原真实色彩。

在非钨丝灯照射的环境下使用钨丝灯模式，影像会有相当程度的偏蓝现象，效果就类似镜头前加了蓝色的滤镜一样。

利用钨丝灯模式添加蓝色的特性，在拍摄溪流、薄雾等希望强化蓝色的场景时，将白平衡设置为钨丝灯模式，可以表现出更迷人的画面色彩。

日光灯模式

日光灯模式又称为荧光灯模式，一般用来修正日光灯对感光组件所造成的偏绿现象，适用于以日光灯为光源的场合，除此之外对于白色类型的光源也适用。

在拍摄风景时，将白平衡设置为日光灯模式会使画面出现色彩偏差。在拍摄日出日落时，可以利用日光灯模式使天空偏向蓝色，而日光照射的区域偏向紫色，使画面呈现梦幻般的色彩变化。

2.5.2 根据现场光源选择正确的白平衡

人类所能看到的光线，其实是由 7 种不同颜色的光谱组成的，而色温则是将这些光线度量化的标准。顾名思义，色温就是颜色的温度，以 K 为度量单位。其理论基础是假设一个纯黑物体如果能够将落在其上的所有热能吸收，并在不耗损能量的前提下将所有热能转换，并以光的形式释放出来，黑体就会因热量高低的影响而产生颜色上的变化。黑体的绝对零度 (色温零度) 大约是 -273℃，也就是说，黑体加热后发出某一光谱所需的摄氏温度再加上大约 -273℃，就是该色光的色温。一般来说，当黑体受热到 500~550℃时，会转变成暗红色，持续加热到 1050~1150℃或者更高温时，会变成米黄色，接着是白色，到最后就会变成蓝紫色。也就是说，温度、色温越高，影像色调就会越偏蓝紫色 (冷色调)；反之，则会呈现偏红现象 (暖色调)。

白平衡在运用时，可以根据现场光线的色温选择与其相对应的色温模式就会使被摄物体获得较为准确的色彩还原。

2.5.3 使用自定义白平衡功能

自然界的光线千变万化，虽然数码相机提供了多种预设的白平衡情景模式，但是它并不能满足所有的需要，不能保证拍出的相片色彩一定正确。因此数码相机还提供了自定义白平衡功能。

手动自定义白平衡可以适应所有光线情况。它的原理是检测实际拍摄光线下的白纸、白墙等白色物体同标准白色的色温差别，从而校正色温。简单地说，它就是告诉相机什么是白色。这是目前数码相机上最准确的一种白平衡模式，除了不断变化的光线外都可以适用。相机的生产厂商和型号不同，自定义白平衡的方式也有所区别，它们的共同点是把镜头对准拍摄光线下的白色物体，启动手动白平衡，相机就会记住这种光线的色温，下次遇到相同的光线时只要调到该模式，就能拍摄出色调准确的照片。

2.6 测光与曝光

拍摄照片通常都要求准确曝光，按照摄影师的拍摄意图正确反映被摄主体的影调范围。否则，照片就可能会出现整个画面偏暗，暗部的细节模糊不清等曝光不足的问题；也可能会出现整个画面偏亮，亮部区域变成一片白色，缺乏层次感等曝光过度的问题。

曝光是有规律可循的，了解并懂得如何应用曝光，拍摄者就能够在拍摄时得到想要的效果。要获得“准确”的曝光，拍摄者就必须了解光圈大小、快门速度、测光模式、测光点与曝光之间的关系，同时，还需要掌握曝光锁定、曝光补偿、包围曝光等测光和曝光技巧。

2.6.1 理解测光原理

通常所说的正确曝光是指采用合适的光量进行拍摄，获得视觉效果良好的亮度。正确曝光的标准比较模糊，实际上与拍摄者的拍摄意图有着非常密切的联系。在拍摄者并未有意识地使画面较明亮(或较暗)的情况下，正确曝光通常会自然而然地落在一定亮度范围内。

亮度大幅超出该范围时被称为“曝光过度(过曝、过亮)”，相反的情况被称为“曝光不足(欠曝、过暗)”。即使处于正确曝光范围内，有时候部分图像也会因亮光而失去细节层次，这种现象被称为“高光溢出”，如果部分图像变为全黑则被称为“暗部缺失”。当整体曝光发生偏差时更容易出现这样的现象。拍摄者在拍摄时应始终保持采用合适的曝光，在理解了正确曝光的基础上，再尝试有意识地使画面更亮(高调)或更暗(低调)的表现手法。

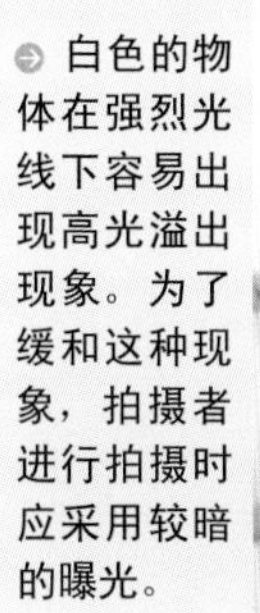

白色的物体在强烈光线下容易出现高光溢出现象。为了缓和这种现象，拍摄者进行拍摄时应采用较暗的曝光。

因对比度过高，阴影部分完全变黑了。但如果采用较亮的曝光，图像也有可能出现高光溢出现象。

目前，数码相机都具备自动测光的功能。所谓测光，就是测量拍摄现场的光线强弱，然后相机依据所测得的光线强弱调整光圈和快门，以拍出明暗适度的照片。

数码相机的测光原理并不复杂。所有的相机在测光过程中，均会将所见的所有物体都默认为反射率为 18% 的灰色，并以此作为测光的基准。数码相机的测光系统工作时，要看被摄体的反射率是否为 18%，如果是，那它测量出来的数值就十分准确，按此数值曝光，被摄体的色彩和影调就会得以真实还原。所以对肤色、平常的色彩斑斓的景物来说，这种以灰色基调为还原标准的曝光是非常准确的。

如果被摄体的反射率不是 18%，那么相机测光系统测量出来的数值就不准确，若直接按此数值曝光，画面的影调和色彩就会出现失真。如拍摄白茫茫的雪原、黑漆漆的山脉，相机也把它们当成灰色来还原，直接对着它们测光聚焦，这往往会拍出灰色的画面。

2.6.2 认识 3 种测光模式

测光模式就是测光的运算法则，主要分成 3 种：矩阵测光、中央重点测光和点测光。拍摄者可根据拍摄情况进行选择，以取得更准确的曝光值。

矩阵测光

矩阵测光也称为分区测光，是将取景器中的画面分割成多个区域进行测量，然后将各区域的测量结果与相机的数据库进行分析对比，计算出各区域的比重，最后将各区的测光数据加以运算得出适当的曝光值。

矩阵测光的运算方式适用于绝大多数场景，对于一些比较特殊的情况，如追踪摄影、连拍等，也都有不错的表现。但如果场景的反差过大，如强烈逆光、大片的雪地、黑夜等，矩阵测光会误将特别亮的或特别暗的区域给予较大的比重，那么得到的曝光值就会有偏差。

中央重点测光

中央重点测光是将测光重点放在整个画面中央区域，以画面中央部分的亮度来决定影像的曝光值，这种做法可以确保画面中央的主体曝光正确，但其他区域则可能会出现过暗或过亮的情况。

中央重点测光适用于主体刚好位于画面中央的场景，如人像、昆虫、花卉的特写画面，可以在突出主体的同时，兼顾周边的环境。若主体不在画面中央则不建议使用，否则应配合曝光锁定的方式进行拍摄，不然主体可能曝光不正确。

中央重点测光是位于中间部分的主体得到适当曝光，但中央位置以外的区域，如果亮度与之落差较大时，则曝光会出现较暗或较亮的结果。

提示：

在逆光环境下，采用不同的测光方式，主体的曝光结果也会不同。中央重点测光的效果明显好于矩阵测光，但还是建议应用反光板补光。

点测光

点测光是针对画面的中央点进行测光的模式，测光范围占取景器画面中央的2%~5%，所以比较容易削弱高反差对曝光的影响。这种测光模式适用于在明暗分布复杂的场景中保证小范围目标景物的准确曝光，在复杂的光线下拍摄人像、微距等这些需要突出主体的照片时，常采用点测光模式。

测光点位于对焦区域的中心，对不在中央的物体也可以进行测光，只要采用中央点对焦与测光后，再按下曝光锁定按钮移动构图即可。利用这种模式测光，最大的优点就是，即使在背景很亮或很暗的时候，也能确保被摄主体正确曝光。不过在逆光环境下，虽然解决了主体过暗的问题，但是背景也会相对变亮，而产生背景过曝的情况。如果摄影者不喜欢这样的效果，也可以利用背景作为主要测光依据，而在主体前方运用反光板或闪光灯来平衡逆光产生的光比。

使用点测光时，摄影者需要注意测量的方法，选择正确的测光点，并且尽可能地靠近被摄主体进行测光，避免其他光线的干扰；同时还需要注意不要遮挡住光线，避免造成测光错误。

如果用点测光测量主体，大都可以确保主体曝光正确，不过主体以外的曝光则可能会曝光错误，有时可以运用这样的特点来压暗背景，使主体更突出。

2.6.3 使用曝光补偿纠正曝光不准

利用相机自动测光时，如果使用 P、A、S 模式进行拍摄，相机会自动调整快门、光圈，使曝光值恰好符合测光值。但是由于现场环境的状况，或者摄影者的刻意安排，必须以高于或低于测光值的曝光量进行拍摄，这时就必须使用相机的曝光补偿功能来加减曝光量以达到摄影者所要呈现的效果。

曝光补偿是调整曝光值的简化机制，数码相机都设计有曝光补偿功能，让摄影者能够很方便地增加或减少曝光量以修正测光的误差。相机的曝光补偿修正范围通常介于 -2EV 和 +2EV 之间，即一次最多可增加或减少 2EV 的曝光量；有些相机还可以选择 1/3EV 或 1/2EV 进行调整。对于摄影者来说，如何应用曝光补偿需要一定的经验积累。曝光补偿的第一原则就是“白加黑减”。所谓“白加”是指拍摄白色或浅色物体时要增加曝光量。通常拍摄白色物体，或白色、浅色物体所占比例较大时，都需要在相机自动曝光的基础上增加一至两档曝光补偿。所谓“黑减”是指拍摄黑色或者深色物体时要减少曝光量。

在拍摄雪景时，由于雪的表面存在强烈的反光，相机的自动测光系统会把曝光量减少，从而使白色的物体变得不太白。在拍摄白色物体时，采用正曝光补偿增加曝光量才可能获得正常的色彩还原效果。

而拍摄深色主体时，比如身穿黑色服装的人物、深色调的山川等都需要减少曝光量才有可能获得正常的色彩还原效果。这是因为在拍摄深色为主的主体时，由于深色会吸收较多的光线，相机的测光系统会误认为拍摄环境太暗而自动增加曝光量，使黑色变得不够黑。用负补偿减少曝光量，可以使深色主体表现出更鲜明的明暗效果。

曝光补偿的第二原则是“亮增暗减”。所谓“亮增”是指前景、背景非常明亮并且占较大面积时，需要用正补偿增加曝光量。如在背景为明亮的天空或水面等亮度较高的场景中拍摄时，相机的测光系统会误认为拍摄环境很亮而自动减少曝光量，结果导致画面曝光不足，明显偏暗。

在“亮增暗减”原则中，“暗减”是指背景很暗并且占较大面积时，需要用负补偿减少曝光量。在深色的环境中，暗色在画面中占的区域很大，相机的测光系统会误认为拍摄环境很暗而自动增加曝光量，结果导致主体曝光过度，黑色区域也发灰。

拍摄静物、昆虫、花卉等主体时，常常会选择深色的背景来衬托主体。深色的背景会吸收较多的光线，使相机的自动测光系统增加曝光量，画面发灰。用负补偿减少曝光量压暗背景，色彩更加饱和、主体更加突出。

提示：

在拍摄逆光剪影题材时，为了让剪影轮廓更加鲜明，背景的层次更加丰富，通常都要适当借助负曝光补偿来减少曝光量，防止曝光过度。

2.6.4 包围曝光

在拍摄照片时，手动设置曝光补偿需要花费一些时间，有时会错过精彩的瞬间。因此，数码相机大多提供了包围曝光的功能。包围曝光是指按照拍摄者选择的间隔分别以无曝光补偿、正曝光补偿、负曝光补偿的顺序自动连拍 3 张照片，再把拍摄的照片互相比较，选取曝光适度的一张照片。

拍摄者拍摄照片前必须先设定包围曝光的范围，一般是设定 ±1/2EV 的范围，即 ±0EV 拍摄标准照片，+1/2EV 拍摄稍亮的照片，-1/2EV 拍摄稍暗的照片；另外还可以依据情况设定 ±1/3EV、±2/3EV、±1EV、±2EV 等范围。拍摄完成后，再从 3 张照片中选一张最满意的作品，或运用后期编辑软件合成一张亮部、暗部细节都能正确曝光的照片。

提示：

数码单反相机启用包围曝光拍摄时，仍需手动连按三次快门才能取得不同曝光程度的照片，设置包围曝光后，如果同时启动相机的连拍功能，那么拍摄时只需按住快门，相机就会自动连续拍摄不同曝光程度的照片。有些相机当包围曝光功能被启动时，相机的连拍功能也会同时运作，因此摄影者无须再另外设置连拍功能。

在特殊天气情况下，经常会出现明暗反差很大的场景。拍摄时大幅增加包围曝光的范围，拍摄到暗部、亮部正确曝光的两张或多张照片，然后通过后期合成，可以得到正确曝光的照片。

2.6.5 曝光锁定

当在半自动或全自动拍摄模式时，相机所测得的曝光值及自动曝光设置会随着构图画面的移动而改变，因此在曝光值的控制上容易出现失误，尤其使用点测光时更是明显。要解决这个问题，则可以使用曝光锁定功能。曝光锁定，顾名思义就是锁定某一个点的曝光值。如果在想要表现的画面中，主体并不在中心点，可以先对准需要表现的主体进行测光，并使用曝光锁定功能锁定对主体测光的数据，最后根据自己的想法，重新构图，对焦后按下快门。

在微距摄影时，需要拍摄的主体常常较小，并且容易受到周围环境的影响。因此，摄影者需要对主体精确测光，锁定曝光值后，再移动相机重新构图进行拍摄。这种拍摄方法常常还需要配合曝光补偿功能。拍摄人像时要对人物的面部准确测光，并使用曝光锁定功能，避免人物曝光受到周围环境的影响。

拍摄日出日落时，场景反差较大，使用点测光或局部测光，针对场景中较亮的地方测光。锁定曝光值以后，移动相机重新构图。采用这种方式可以使画面色彩更加浓郁，大大提高曝光的成功率。

Chapter 03 一学就会的构图取景

3.1 主体与陪体的安排

画面上的主体是用以表达拍摄内容的主要对象，是画面内容的结构中心。因此，在拍摄时拍摄者首先要确立主体。主体可以是一个对象，也可以由多个对象组成。而陪体是画面中处于陪衬、辅助位置的拍摄对象，但它并非是可有可无的，在画面上应该与主体形成呼应关系。

在照片画面中往往不止一个人或者一个景物，但在画面构图的时候，我们往往把被摄的主体人物或景物放在画面突出的位置，陪体作为主体的陪衬则放在次要的位置上。由于画面安排有主次、轻重之分，因此陪体在画面上往往是虚的或者不完整的。

3.1.1 主体要突出

拍摄主体是拍摄者用以表达主题思想的主要部分，是画面构图的中心，也是画面的趣味点所在，应占据画面中显著的位置。主体可以是一个对象，也可以是一组对象。

光圈 F2.5
焦距 50mm
曝光时间 1/60s
感光度 200

画面中的构成元素越少，主体越突出。在复杂的拍摄环境中，利用大光圈虚化背景，可突出主体。

主体在画面中占有统帅的地位，在构图形式上起着主导作用。拍摄者可以通过直接和间接的手法来表现主体。在拍摄时，拍摄者首先要考虑主体在画面中位置的安排和比例大小，然后决定与安排陪体，最后还要根据主体的情况对陪体加以取舍和布局。

直接表现主体就是将被摄主体安排在画面中最醒目的位置，再配以合适的光线效果和拍摄手法直接呈现给观赏者。这种表现方法可以明确表现拍摄者的意图，常用于拍摄精致的景物、美味的食物或动植物的特写镜头。

间接表现主体一般以背景环境来衬托被摄主体，主体在画面中所占比例不一定很大，但是通过环境烘托和气氛的渲染来加强主体的表现力。

光圈 F1.8
焦距 85mm
曝光时间 1/1000s
感光度 200

主体与陪体是互相呼应的，也可以作为对比或对照之用，从而让画面更有故事性。

3.1.2 陪体的作用

陪体是指画面中与主体构成一定的情节，帮助表达主体特征和内涵的对象。在画面中陪体与主体组成情节，起着深化主体内涵，有利于观赏者正确理解照片的主题思想，可以防止产生误解和歧义，对主体起到解释、说明的作用。

光圈 F5.6
焦距 23mm
曝光时间 1/116s
感光度 100

画面中如果只有主体会显得单调，所以加入陪体可以使画面内容更丰富，也能营造不同的氛围和情感。

处理好画面的陪体，可以使照片画面更加出彩。拍摄者在选择陪体时应该注意，陪体是否有助于突出主体，是否能呈现环境特有的气氛，是否具有更多的层次等。如果陪体选择不当，往往会起到适得其反的作用。

3.2 前景与背景的组合

一般来说，画面中对环境的取舍和表现，最终决定了画面构图的成败。画面构图是否处理好，取决于画面主体是否表现突出，主体和陪体的关系是否处理恰当。

所谓环境，是指画面主体对象周围的人物、景物和空间等元素，包括前景及背景，是画面重要的组成部分。环境在构图中起到烘托主体、帮助叙事表意的作用，有助于表现主体的精神风貌，表现一定的情调和气氛。充分合理地利用环境要素，可更好地突出画面的表现力。在处理环境时，拍摄者要注意两个方面的问题：一是要选择能很好地与主题相结合，适合表现主题的环境；二是要注意环境在构图形式上的作用。它可以改变画幅形式，改变色调、影调，会使画面构图产生不同的效果，也会使画面产生不同的意境和氛围。

3.2.1 前景的表现

前景具有衬托主体、引导视线，以及营造画面立体感的效果，同时也具有说明环境、平衡画面的作用。当画面中的主体比较单薄、渺小或画面较为空洞、单调时，可以运用场景中的景物作为前景来丰富画面或填补空白。

在摄影构图中，前景常被用来稳定画面。当画面上有大面积空白而使其失衡时，拍摄者可以在取景的时候利用前景来填补画面上的空白，从而改善构图，增加画面的稳定性，强化空间纵深感。

光圈 F6.3
焦距 22mm
曝光时间 1/320s
感光度 400

前景能起到交代环境特色、渲染环境气氛的作用。在拍摄过程中，可以通过将富有特色的景物放在前景中，从而点明拍摄的地域或时间。

在选择前景时，拍摄者最好选择能很好地衬托照片主题，线条结构简单、色彩单纯的景物，这样才不会分散观赏者对主体的注意力，更好地表现所要传达的信息。

光圈 F10 焦距 24mm 曝光时间 1/320s 感光度 640

使用前景中的树林来烘托远处山峦的氛围，鲜艳的色彩给观赏者以鲜明的季节印象，使画面更加丰富生动。

前景在画面中的安排并无一定之规，根据画面内容和拍摄者构图的需要来安排。前景可以安置在画面的上下边缘或左右边缘，甚至可以布满画面，比如雨幕、烟雾等。前景的运用和处理应以烘托、陪衬主体及更好地表现主题思想为前提，而不能分割、破坏画面而影响主体的表现。

在拍摄照片的时候，虚化镜头前面的景物，削弱其清晰度，让画面中的主体更为突出，使主体成为最引人注目的对象。

在构图时，拍摄者可以把有引导作用的线条或有指向性动作的人物等作为前景，引导观赏者的视线由前景转向中景和后景，以突出主体，将观赏者的视线引导到汇聚中心的主体上。

为了增加空间深度感，根据透视规律在拍摄中寻找某种事物作为前景，能在二维的照片上形成一种空间延伸的纵深感。

使用景物中一些有规则或图案形状的物体作为前景，可以增加画面的美感，使画面显得生动活泼。在选择这类景物作为前景时，要注意前景本身的形状要美。

在前景处理中，有一种特殊的前景布局方式，叫框架式前景。这种处理方式常使用一些道具，如门、窗等构成的前景框架，通过前景与主体的大小、深浅、虚实等关系，增加画面空间的透视感。通过这种框架式前景能产生一种庄重优雅的视觉美感。

3.2.2 背景的表现

背景位于主体之后，用于表明主体所处的环境、位置及现场氛围，并帮助主体揭示画面的内容和主题。在结构形式上，它可以使画面产生多层景物的造型效果和更强的透视感，增强画面的空间纵深感。

在拍摄照片时， 如果背景无景可拍，或是背景的景物与主体没有太大关联，或是不能传达主体想诉说的故事，那么要尽量避开干扰物。摄影师可以通过改变拍摄的角度或位置，也可以运用相机镜头的特性来虚化背景，突出主体，给人以跃然纸上的感觉。

以俯视角度拍摄时，摄影师可以采用干净的地面、路面、水面等，或有肌理、质感的景物作为背景。

微风拂过水面产生的微微的涟漪，使背景富于变化，以湛蓝的湖水作为背景拍摄水面中的天鹅，使画面显得更加宁静、雅致。

仰视角度拍摄和俯视角度拍摄一样，可以避开背景中的地平线，以及地平线上杂乱的物体。以蓝天作为背景，可以更加突出主体形象，使画面效果简洁而不简单，生动而活泼。

要想将拍摄主体从繁杂的场景中凸显出来，除了选择简洁的背景外，还可以利用光圈的设置。使用大光圈相对于使用小光圈有利于简化背景。光圈越大，则景深越小，背景的虚化程度越大；而光圈越小，景深越大，画面中前后清晰范围越大，不利于简化背景。

镜头焦距不同会带来不同的视角和不同的景深范围。使用长焦距镜头相对于短焦距镜头有利于简化背景。使用长焦距镜头，视角窄，可以缩小进入画面的背景范围。

光圈 F1.2 焦距 75mm 曝光时间 1/320s 感光度 200

在拍摄中，摄影师常使用大光圈虚化画面以将繁杂的背景柔和为简单的色彩背景，可以使主体和陪体形成虚实对比，加强画面主次的层次关系。

光圈 F8
焦距 85mm
曝光时间 1/1000s
感光度 200

在拍摄运动的主体时，要随运动主体同速移动追拍。这种方法可以形成主体实，前景和背景虚的画面效果，同样可以起到简化背景的作用。

除了虚化背景以衬托主体外，摄影师还可以使用实背景构图的方式来交代主体所在的环境，使观赏者产生画面以外的想象，并使画面更有纵深感、空间感。在选择实背景时，摄影师需要注意的是不要选择与主体无关的，或是不能表现主题的景物，以避免造成画面的杂乱和主题不明。

光圈 F4.5
焦距 50mm
曝光时间 1/160s
感光度 200

光圈 F6.3 焦距 135mm 曝光时间 1/200s 感光度 200

运用背景可以点明主体事物所在的环境、位置及时代等，只要背景景物清晰地呈现在画面里，它就应该利于主体的表现。上图中以在草场上自由漫步的羚羊作为拍摄的主体，选择花草和远处的羚羊作为背景，再搭配充足的光线，使照片有明快、清爽的感觉，也充分说明了羚羊所在的环境。

3.3 竖幅与横幅取景的不同

构图取景与影像的横、竖画幅也有着直接的关系。当拍摄不同场景、不同主题和不同内容的照片时，摄影师应选择使用合适的构图来进行创作。不同的构图可以获取不同的影像效果，摄影师应学会灵活使用相机的横构图、竖构图来进行创作拍摄。

3.3.1 根据主体来决定

通常摄影师会依照主体的外形来决定采用竖幅还是横幅拍摄。若拍摄的主体是属于高大、瘦长型的，如高楼大厦、大树、落差较大的瀑布、单一人像等，采用竖幅拍摄；若拍摄的主体是属于宽广型的，如绵延的山脉、湖泊、两人以上的团体照等，则采用横幅拍摄。

横构图有利于表现物体的运动状态或展示静止物体的宁静与宽广。横构图广泛应用于山川河流、原野森林、城市建筑群等场景的拍摄，用以突出景物广阔无垠的场面。

光圈 F8
焦距 45mm
曝光时间 13s
感光度 200

光圈 F10 焦距 24mm 曝光时间 1/320s 感光度 400

横构图是看上去最自然，用得最多的一种构图形式。这跟人类本身的视野有关。水平的横幅画面可以满足人类开阔的视野要求。使用横构图可以拍摄全景图，将更多的景致纳入画面中，展示画面的辽阔感。

竖构图有利于表现垂直线特征明显的景物，影像往往显得高大、挺拔、庄严等。在竖构图中，观赏者的视线可以上下巡视，把画面中上下部分的内容联系起来。它往往可以结合仰视角度，展现事物在一个平面上的延伸，突出远近层次。

根据拍摄主体的形态可以使用竖构图表现出植物的生长状态。同时，虚化背景可以使主体更加突出。

提示：

在风光摄影中，竖画幅构图一般适合拍摄高大、具有上下延伸线条的景物，如树木、瀑布高楼等。采用竖画幅拍摄人像，可以很好地去除画面的多余元素，让观赏者将注意力集中在主体人物身上，所以在表现单人半身或全身人像照片时多数采用竖画幅拍摄。

3.3.2 根据情境氛围来决定

在摄影构图上，竖幅构图常被用于人像拍摄，而横幅构图常用于风景拍摄，但这样决定拍摄所采用竖幅还是横幅过于简单。在决定采用竖幅、横幅时，除了主体的外形之外，也应考虑所要营造的情境氛围。

竖幅与横幅所表现出的情境氛围大不相同，一般来说，竖幅构图强调深度和高度，给人崇高、庄严、深远的感觉；而横幅构图则强调宽度，给人宁静、安稳、开阔的感觉。

光圈 F6.3 焦距 32mm 曝光时间 1/500s 感光度 200

使用横构图可以拍摄全景照片，以表现所拍摄场景的开阔和空间感。横构图常用来拍摄风景画面。

3.4 黄金分割法构图

黄金分割法构图是摄影构图的经典构图规则，许多基本构图规则都是在其基础上演变而来的。黄金分割是指一个比例关系，也就是 1∶1.618(或 0.618∶1)。构图上的黄金分割简单来说就是依照黄金比例来分配、安排画面中的元素。

练习摄影画面的构图首先要从黄金分割法构图入手，因为它是构图的基本原理和法则。在取景时了解和掌握黄金分割法，对于提高作品水平很有帮助。黄金分割法构图具有很高的审美价值，容易使画面达到均衡和稳定的效果。

光圈 F2.8
焦距 105mm
曝光时间 1/125s
感光度 100

依照黄金分割的原理，将拍摄对象的眼睛放置在画面的黄金分割点上。

根据拍摄经验将主体安排在黄金分割点附近，能更好地发挥主体在画面上的组织作用，有利于周围景物的联系和协调，容易产生美感很强的视觉效果，使主体更加鲜明、突出。

3.4.1 九宫格构图法

但实际拍摄过程中，摄影者不可能都严格地按照黄金分割法来进行拍摄。九宫格构图也被称为井字构图，是黄金分割法构图的一种简化形式。九宫格构图就是将画面的上、下、左、右四条边各取 1/3 点，然后将这些对应点用直线相连，形成一个类似“井”字形的分割线，直线交叉的中心就符合 0.618 ∶ 1 的黄金比例，这些中心点称为“趣味中心”。将主体放置在这些趣味中心上，画面看起来就较为舒适，同时增加了画面主体的吸引力。

在实际拍摄时，九宫格构图更多强调的是“点”在画面中的重要性。主体在画面中所占面积较小时，就可以尝试将其放置在“井”字形的交叉点上，从而使其在画面中凸显出来。

当主体占满画面，并且想要突出主体的局部时，也可以将对焦点安排在“井”字形的交叉点上，从而使其得到有效的突出。

使用这种构图方法拍摄出的照片既稳重又不呆板，还可以让画面的表现更加符合人们的审美习惯。因此，当拍摄时无法快速决定如何体现画面中的主体时，摄影师可以尝试使用井字构图保证拍摄画面整体的和谐性。

3.4.2 三分法构图

三分法构图也是黄金分割法构图的简化形式。三分法构图是按照 1 ∶ 1 ∶ 1 的比例横向或纵向将画面三等分，把主体放置在等分线位置的构图方法。这样的构图不仅使画面更均衡，也避免了把主体放在画面中央而产生的生硬感，令画面更显生动活泼，更具视觉冲击力。

光圈 F7.1 焦距 18mm 曝光时间 1/125s 感光度 450

在拍摄风光照片时，可以将三分法构图细分为上三分法和下三分法。通过将天际线、地平线或海平面等放置在水平三分线的位置上，可以在强化场景空间感的同时，使所拍摄的景物在画面中显得更加协调。

提示：

物体相对于地平线的位置关系影响观赏者对空间的感受。一般来说，距离地平线近的物体，会让观赏者感觉其距离自己更远；距离地平线远的物体，会让观赏者感觉其距离自己更近。地平线的位置同样至关重要。如果地平线在图像的下部，那么会突出画面中上面部分的内容；反之，如果地平线在图像的上部，则提示观赏者下面部分的内容更重要。

对于静物、人像、具有自然分割线和具有趣味中心的景物，将主体放置在画面的三分之一处，留下的大面积空白，不仅可以烘托主体，还可以增加画面氛围。

摄影新手在分割画面或安排主体的位置时，常习惯性地将画面对半均分，或将主体放在画面正中央，这两种构图方式一般来说较为枯燥乏味，运用黄金分割法构图、九宫格构图或三分法构图可以减少这类构图疏失，使构图质量大幅提升。

3.5 线条构图法

线条具有延伸、引导方向的特性，不同的线条类型会给人不同的心理感受。通常直线会给人刚硬之感，曲线则有流动、柔美之意。常见的水平线给人平稳沉静的感觉，垂直线给人高耸、崇敬之感，斜线则会让人感到活泼、动感十足等。自然界中有许多景物具有线的形式，善用这些线条来做引导，可以将观赏者的视线带领到主体上或是营造画面的空间感。

线条不一定具有实体的形式，多点之间可以构成一种连续不断的隐性的线条形式感，突出表现一种自然的节奏感和奇妙的松弛感。

3.5.1 迷人的曲线

曲线给人一种优雅、沉稳的印象，同时又能表现出柔和、流畅的动感。在自然界中有很多现成的曲线，如蜿蜒的河流、迂回向前的道路等。善用现成的线条，除了可以引导视线外，还可以增强画面效果的生动感、纵深感和空间感。

光圈 F2.4
焦距 4mm
曝光时间 1/15s
感光度 800

利用曲线的透视效果，形成近处的景物大，远处的景物小的效果。这可以改变景物相对的距离感，增强画面的纵深感和空间感。

光圈 F5.6
焦距 70mm
曝光时间 1/200s
感光度 400

利用曲线的形态可以吸引观赏者的注意力，摄影师可以将拍摄主体放置在曲线内侧范围内。

3.5.2 动感的斜线

斜线构图的方法可以用于展示被摄物体的方向感、延伸感，同时也可以在画面视觉上表现紧张感和活泼性。斜线构图的表现力很强，但由于其在视觉上的不稳定感，摄影师应合理地应用这种构图方式。在拍摄时，摄影师需要注意拍摄的角度，斜线的位置决定了观赏者视线停留的位置。

光圈 F8
焦距 24mm
曝光时间 1/320s
感光度 100

使用斜线构图可以打破画面的稳定，增加活泼的气氛，同时可以凸显建筑的雄伟。

光圈 F10
焦距 18mm
曝光时间 1/250s
感光度 100

斜线构图可以用来区分画面的不同区域，形成对比。

3.5.3 强化视觉中心的放射线、汇聚线

放射线利用景物本身或场景中的放射状线条来强调主体的造型，或向外扩展视野。这种构图方式可以产生强烈的运动效果，给人感觉更加活泼，富有律动感，尤其在复杂场景中很适用。汇聚线则是由画面中陪衬的景物成汇聚状指向主体的构图方式。

光圈 F5.6
焦距 134mm
曝光时间 1/250s
感光度 100

利用汇聚线可以在画面中产生强烈的汇聚效果，使观赏者的目光集中在画面中心。

3.6 形状构图法

面是指一个物体的形状轮廓，拍摄对象若具备明确的轮廓、外形，就可以在第一时间吸引观赏者的注意。所以摄影师构图时，对于形状要特别重视。形状可分为规则形状与不规则形状。规则形状就是大家熟知的三角形、圆形、矩形等。每种形状对画面的构成会给人不同的感受。

3.6.1 视觉稳定的三角形构图

三角形构图是常见的面构图方式，通常以景物的形态或位置来形成三角形的视觉中心。这种构图方法常用于拍摄山景或建筑风景，可以很好地表现主体对象的稳定、坚实和有重量感的视觉效果。

光圈 F3.5
焦距 18mm
曝光时间 1/1000s
感光度 200

三角形会给人平稳、安定、均衡的视觉感受。利用三角形构图拍摄的主体，具有稳定画面的作用。下方的曲线，让画面呈现出一些变化，不至于呆板。

光圈 F6.7
焦距 48mm
曝光时间 1/125s
感光度 400

倒三角形构图是与三角形构图相反的构图法，既可表现出不稳定状态所产生的紧张感和压迫感，又可表现出向上伸展的生命力和开放感。

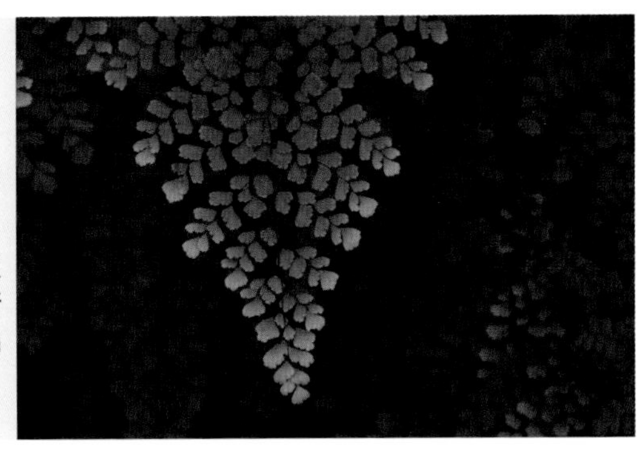

3.6.2 别出心裁的框架构图

框架构图会给人强烈的视觉冲击，框架的形式不是固定的，可以是多种形状，如矩形、三角形和圆形等。框架的选择也是多种多样的，可以借助屋檐、门框、桥洞和树枝等来实现。在风光摄影中，使用框架可以起到装饰主体，浓缩远景和汇聚视线的作用。

光圈 F2.8
焦距 19mm
曝光时间 1/200s
感光度 400

拍摄人像照片时，使用框架构图可以强化画面的空间感，并起到丰富画面故事感的作用。

光圈 F8
焦距 10mm
曝光时间 1/500s
感光度 400

利用前景框架将景致置于框架中，将干扰因素隔离出去，增加画面的纵深感。

3.7 对称式构图法

对称式构图是将画面分割成对称的两个部分，具有平衡、稳定和相互呼应的特点。对称式构图可以选取自身具有对称结构的物体，也可以巧妙借助其他介质，如利用水面、玻璃等反光物体，把物体本身和倒影、反射影像等同时摄入镜头，形成上下对应、左右呼应等对称构图。这种构图方式常常用来拍摄建筑、人物特写，以及镜面中的景象或者人物等。

光圈 F2.8
焦距 49mm
曝光时间 1/80s
感光度 200

光圈 F4.5 焦距 17mm 曝光时间 1/3200s 感光度 640

对称是取得画面平衡最简单的方法，但是要拍好并不容易。许多场合，我们为了避免画面的刻板，往往会避免从主体的正面拍摄，但拍摄庙宇、宫殿等较为庄严肃穆的建筑除外。在拍摄时采用对称式构图能呈现出建筑的气势恢宏，古朴庄严。

对称式构图的画面给人的感觉往往是稳定，画面各元素之间讲究呼应关系，达到一种均衡的视觉效果。对称是中国传统建筑等艺术形式普遍追求的结构形式，具有平稳、庄重、严谨的“形式美”，但是对称结构也有单调、缺少变化等方面的不足，采用这种构图方式，应该在平稳中求变化，在变化中取得对称。

光圈 F8
焦距 20mm
曝光时间 1/200s
感光度 200

对称式构图还可用于拍摄水景，其取景画面的上下或左右两侧具有如镜子般准确的对称效果。上下对称式构图，广泛应用于日出、湖水及江河水面风景倒影的拍摄，可以表现出肃静、精美及梦幻的感觉。

对称式构图的场景因为有着强烈的秩序感，通常第一眼会很吸引人，但很快又容易失去新鲜感，所以拍摄时要善于运用现场的光线，主体的线条、色彩、造型，或变换镜头焦距、拍摄角度来进行突破。

光圈 F5.6
焦距 55mm
曝光时间 1/15s
感光度 200

各种线条与形状对称的构图，可以给人更强烈的视觉感受。

3.8 巧用对比构图

适当地运用对比构图可以凸显拍摄对象的个性、添加画面的趣味、强化表现力度，使主题更加鲜明。这里说的对比并非单指亮度和明暗反差或色彩的对比，而是指将两个要素相互比较，以凸显出彼此的差异。

对比构图可以分为有形对比和无形对比两种形式。有形对比可以利用物体的大小、明暗、远近、粗细、动静、色彩、虚实、强弱、高低、深浅、长短等特性来制造对比，以强调希望表达的意念与特点。

3.8.1 视觉反差强烈的色彩对比

色彩对比是指画面不是以某一类颜色为基调，而是两种色相上差别较大的颜色相搭配所形成的画面，常用的对比色有红与绿、黄与紫、橙与蓝等。由于这类色相差别较大，出现在同一个画面上时能给观赏者造成视觉上强烈的反差，使各自的色彩倾向更加明显，从而更充分地发挥各自的色彩个性。

光圈 F5.6
焦距 200mm
曝光时间 1/320s
感光度 200

配合得当是对比色构图使用的关键，切忌杂乱无章与平分秋色，应在对比色中寻求对抗与统一，追求色彩的和谐。

色彩有情感性，能渲染气氛，影响对象的表达。为了得到较好的对比色构图的画面，摄影师首先要确定画面总的基调，形成色彩上的重心。而强烈、醒目的色彩能投射出生命的活力。如果色彩使用得当，即使在画面上不占主导部分，小的色彩对比也能够使某一部分影像具有吸引力。

3.8.2 影调丰富的明暗对比

画面上产生明暗对比的原因，是由于被摄对象因受光不均匀而导致出现的明暗反差。在明暗对比的画面上，明亮的部分应是被摄主体，由于画面的反差比较大，暗部对主体起到了明显的衬托作用，因此能更好地体现出亮部主体的层次感，使得画面色调明快，层次分明，主体突出。

光圈 F4
焦距 138mm
曝光时间 1/320s
感光度 200

借助明暗对比可以瞬间抓住观赏者的眼球，使其将视觉中心汇聚到画面中的明亮处。另外，由暗到明的影调过渡，可以有效增加画面的空间感。

3.8.3 给人想象空间的虚实对比

对于人们的视觉来说，清晰的影像给人的视觉感受特别强烈，虚化的影像给人的视觉感受比较弱。在摄影画面中，由于受景深或者摄影人主观意识等因素的影响，在同一个画面中的景物会显示出虚实的变化。人为地控制画面中各个构成元素的虚实，用虚实相衬的方法来处理画面中的主体和陪衬体关系，是摄影这一艺术重要的创作手段。画面中各个构成元素的虚实结合可以有效地突出主体，使画面简洁。在拍摄近景和特写画面时，虚实对比的画面是常用的表现手法。

光圈 F1.6
焦距 50mm
曝光时间 1/40s
感光度 640

以虚映实可以有效地突出要清晰表现的主体。另外，虚实的画面效果还可以带来空间感的延伸，创造一定的画面故事感。

光圈 F5.6 焦距 85mm 曝光时间 1/4000s 感光度 450

虚实对比还可以有效地表现动感，在静止的照片上如何使拍摄的动态对象栩栩如生，富有动感，虚实结合是最有效的手段。

3.8.4 夸张效果的大小对比

在观赏照片时，我们都会借助周围的一些参照物来判断主体的大小比例。因此，在实际拍摄时，我们也可以借助人们熟知的参照物制造画面中夸张的大小对比，丰富画面的视觉表现。

画面中同一主体的大小对比可以突出主体形态，表现出空间感。

光圈 F8 焦距 35mm 曝光时间 1/160s 感光度 200

在拍摄的照片中纳入参照物，可以使观赏者判断拍摄对象的大小比例。

3.8.5 画面舒展的疏密对比

密不透风的布局会给人一种沉重和压抑的感觉，而稀疏的布局状况则给人一种轻松的自然美感。疏密的对比关系结合在画面中能产生和谐的、松弛有度的节奏感和韵律感。

3.8.6 动感十足的动静对比

当运动的物体与静止的物体处于同一画面时，很容易引起观赏者的强烈关注。静止的物体会牢牢吸引观赏者的眼球，而运动的物体则延伸了画面的空间感，使画面更加灵动。

3.9 视向空间构图法

在拍摄人物、动物或交通工具等运动主体时，拍摄主体面对或前进的方向，称为视向。拍摄者只要能对其善加利用，就能轻易地为平凡的照片营造出深度。

拍摄单一主体时，主体常常会被放在画面的正中央，这可以给人安定、集中的感受，但这样拍摄出的照片会略显呆板。要改善这种情况，多利用视向空间可以使画面更为生动活泼。

只要在画面中主体所面对或前进的方向前方预留适当的空间，就能让画面产生空间延伸感，同时也避免让人产生不舒服的压迫感。

要保留多少的视向空间，需要根据照片中的主体元素及整体的构图来定。一般来说，如果拍摄的主体是静态的人物或动物时，视向空间大约要占画面的 1/3。

要拍摄的主体是动态的动物或交通工具时，拍摄者要依据主体移动的速度决定预留的视向空间。当速度较慢时，预留的空间可以少一点；当速度较快时，就要预留较多的空间。

3.10 空白的取舍

摄影画面中除了看得见的实体对象之外，还有一些空白部分。它们由单一色调的背景所组成，形成与主体对象之间的空隙。单一色调的背景可以是天空、水面、草原、土地或者其他景物。

光圈 F9
焦距 18mm
曝光时间 1/320s
感光度 100

使用三分法的构图表现出场景的宽广、天空的高远。

3.10.1 空白的作用

空白虽然在画面上并不一定有具体的形态，但它能激发观赏者的想象，给人以更多的联想余地。画面中的空白有助于创造画面的意境。

一幅画面如果被实体对象塞得满满的，没有一点空白，就会给人一种压抑的感觉；而如果画面中的空白取舍恰当，就会使人的视觉有回旋的余地，思路也有发生变化的可能。

光圈 F4.5
焦距 36mm
曝光时间 1/400s
感光度 50

画面中，大面积的空白可以使主体得以突出，并增强画面的气氛。

照片只能凝固瞬间的形象，因此，对于运动形态的主体，若要表现运动状态，可以利用空白空间指示方向。在构图中运动主体的前方留出足够面积的空白，用来暗示运动的方向。

光圈 F6.3
焦距 200mm
曝光时间 1/1250s
感光度 320

画面右侧留有大量的空白，指明了运动主体前行的方向。

在主体四周留出一定空白的构图，可以衬托出主体并起到画龙点睛的作用。被摄主体周围留出一定的空白，可以使主体具有视觉冲击力，更有利于突出主体。同时，空白区域能够增加画面的空间感。

光圈 F4.5
焦距 105mm
曝光时间 1/400s
感光度 200

使用大光圈将主体周围的景物变得模糊，可以更好地突出想要表现的主体。

3.10.2 处理空白

画面中除了实体对象外，衬托主题的部分就是空白。在构图中，空白区域是一个重要因素。适当地给画面留出空白，能使画面更有韵味。

光圈 F2.8 焦距 200mm 曝光时间 1/250s 感光度 200

在拍摄有方向感的主体时，普遍情况下摄影师会在其前方留出较多的空白。如在人的视线前方留出较多的空白区域，以免造成画面的压抑感。

光圈 F2
焦距 90mm
曝光时间 1/1900s
感光度 800

在主体运动的方向留出空白，可以让画面有动感的趋势。

摄影师在构图时要控制好空白与拍摄主体之间的比例。较大的空白区域，可以突出画面的氛围；而较小的空白区域，比较利于突出主体。摄影师在拍摄时要根据拍摄目的选择空白区域与实体对象之间的比例。

光圈 F6.7
焦距 150mm
曝光时间 1/200s
感光度 400

在主体四周以单一色调的背景衬托主体，不仅可以简化画面，还可以将观赏者的目光聚焦到主体，增加主体的吸引力。

光圈 F11
焦距 15mm
曝光时间 1/640s
感光度 200

在风光摄影中，前景中大面积的空白可以表现空间的透视效果。湖面上捕鱼作业的船只增加了画面的层次感和空间感。

光圈 F8
焦距 18mm
曝光时间 1/500s
感光度 400

在大面积的空白中添加一点细节，可以增加画面的层次感和活力。

Chapter 04 不容忽视的光影与色彩

4.1 掌握光影特性

光线在摄影中可以通过明暗来塑造拍摄对象的形态，通过丰富的光影层次来展现拍摄对象的质感，甚至可以传达拍摄者的情绪以及性格。因此，无论是过去的胶片摄影时代，还是现在的数码摄影时代，光线都是摄影的灵魂。

4.1.1 光线的种类

没有光就没有摄影，所以摄影者除了熟悉相机的操作外，更应了解光线与摄影的关系，才能在拍摄时做出最佳的调整。而要了解光线，首先须从了解光的种类开始。

自然光源

自然光源是指大家日常所熟悉的阳光，它是摄影者最常接触的光源，其特性会随着各种因素变化而变化，如日出、黄昏时的光线，表现出红、橙色彩的效果，让画面传达温暖的感受；而接近正午时刻的阳光，色彩表现均匀，无色偏现象，能真实呈现画面原有的颜色。阴影随着场景、时间的迁移也有各种变化，就像日出、日落的阳光为侧光，此时阴影长度较长，最能表现出被摄主体的立体感；而正午时刻的光线由于是顶光，使得拍出的影子较短，比较适合用来表现富有色彩、线条的主体。

光圈 F11 焦距 105mm 曝光时间 0.6s 感光度 400

巧妙应用自然光线的特性，将使场景的氛围大大不同，免于平凡。

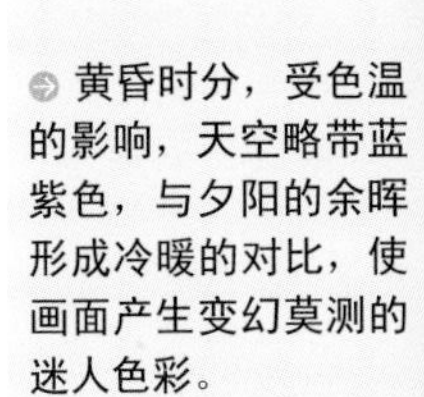

黄昏时分，受色温的影响，天空略带蓝紫色，与夕阳的余晖形成冷暖的对比，使画面产生变幻莫测的迷人色彩。

人造光源

人造光源指的是钨丝灯、闪光灯、霓虹灯等光源，它主要用于辅助解决自然光源不足的问题。人造光源不管在光源方向、色光表现、光线质感等方面，都比自然光源更容易掌握，因此在大多数的拍摄场合，摄影师都会借助人造光源作为拍摄的辅助工具，可以使画面更具光影变化的效果。

城市的夜景较难拍摄。复杂的光源，长时间的曝光都是难以把握的，但拍摄充满魅力的夜景仍得到很多摄影师的追捧。

摄影师要得到精彩的夜景画面效果，首先在拍摄时尽量使用小光圈，在小光圈下，夜景中的点光源会出现意想不到的星芒效果；其次，因为使用小光圈必然导致快门速度很慢，在长时间的曝光过程中，尽量采用感光度 ISO 对噪点进行抑制，并保持相机的稳定，从而保证画面的质量。

4.1.2 光的质感

光的质感是摄影过程中的重要课题，依据光线质感的各种特性，选择适合的拍摄题材，会有画龙点睛的效果。

硬调光（直射光）

光线照射在物体表面时，物体与光源之间没有其他介质影响，此时的光线被称为硬调光。这种光线的方向性很明确，物体呈现的亮部与暗部差异很大，使得阴影效果黑白分明，但是却容易造成亮部与暗部的细节消失，所以硬调光多用来刻画物体的轮廓、图案、线条以及表现阳刚、热情的视觉印象。

从中午光线明暗反差大、影子较短且边缘清晰、标准色温等特性来看，摄影者可选择具有纹理细节、色彩丰富且不重视影子表现的景物来进行拍摄。

软调光（散射光）

光线如透过云层、雾气、柔光罩等介质后再照射在物体上时，称之为软调光。软调光的特点是光源的方向性不一致，会在物体的亮部与暗部呈现丰富的细节，而阴影效果表现柔顺。所以在软调光下进行拍摄，影像无法传达强烈的印象，可以用来表现写实、柔美、飘逸的情境效果。

提示：

有时由于散射光的光线过度扩散，造成画面的色调和阴影缺乏变化，这就容易导致拍摄出的画面过于平淡而没有特色。最具表现力的散射光是在多云的天气，这时的光线既柔和又明亮通透。不过当我们遇到表现力较弱的散射光环境时，可以适当地运用反光板为被摄主体补光，以弥补自然光线的不足。

反射光

若被摄主体或场景的光线并非来自光源直接投射，而是经过反射而来的光线，称之为反射光。反射光的效果除了光源本身的影响外，主要是取决于反射区域的材质，越粗糙、灰暗的表面，反射光源的效果越接近软调光；相反，越平滑、光亮的表面，则反射光源效果越接近硬调光。

光圈 F2.5
焦距 50mm
曝光时间 3.2s
感光度 300

反射区域的颜色也会改变光源的色光表现，间接影响物体或场景原有的色彩，所以摄影者经常使用拍摄现场的反射光，或是利用各种材质的反光板当作额外的辅助光源，来控制画面光源效果。

4.1.3 光的方向

当光的方向发生改变，影像在视觉上也会产生不同影响。光的方向基本上可以分为顺光、侧光、逆光、顶光和底光，不同方向的光有不同的特质。

顺光

顺光就是光线直接照射在被摄物体正面的光源。顺光拍摄时，被摄主体的色彩饱和度以及表面细节最容易被呈现，由于阴影一般会落在主体后方，而且多半看不见，因此立体感的展现不明显。

光圈 F3.5
焦距 18mm
曝光时间 1/1000s
感光度 200

顺光是最能表现丰富层次的光源，光线经过天空折射后，不仅能使照片反差降低，还能表现天空的湛蓝效果，并使画面呈现透彻感。

在拍摄人物、动物时，强烈的顺光容易造成被摄主体眯着眼睛的情况，摄影师应尽量避免这种情况发生，而物体的表面若是亮面材质，在顺光下，也应注意反光是否过于强烈，否则容易造成泛白的情况。

侧光

一般而言，侧光会在被摄主体上产生明暗差异极大的亮部与暗部，以表现出强烈的三维立体空间效果，并且侧光能比一般光源产生更长的影子，来增加画面的深邃感，因此侧光非常适合用来传达阳刚之气的心理影响力。例如，枯木或雕塑影像，大都会利用侧光来表现，让画面看起来更有氛围。

光圈 F8
焦距 24mm
曝光时间 1/125s
感光度 200

侧光最适合用来拍摄表面具有凹凸纹理的物体。由于侧光比顺光更能产生明暗差异，因此视觉上更具体积感和纵深感，它是使用最为普遍的光线。

光圈 F2.2
焦距 50mm
曝光时间 1/125s
感光度 200

45° 左右的侧光被认为是人像摄影的最佳光线类型，可以表现人物特定的性格、情绪。

逆光

逆光指的是光源位置在被摄物体的正后方的光源。逆光下的明暗变化与顺光下的明暗变化完全是两极化的，由于逆光光源是来自被摄物体的正后方，因此物体呈现出来的轮廓会十分凸显；且除轮廓外，整个主体都在阴影中，表面大部分的细节都会消失，形成主体一片黑的情况。

光圈 F2.8
焦距 24mm
曝光时间 1/250s
感光度 720

逆光下进行拍摄，一般是选择轮廓具有特色的主体来拍，而不是用来强调主体的细节与纹理。

斜逆光指的是光源位置在被摄物体的左后方或右后方的光源。斜逆光这种光源也很适合用来表现物体的轮廓。它与逆光的差异是，接近光源的轮廓会比较强烈，远离光源的轮廓会比较微弱，也正因为如此，斜逆光下呈现出来的轮廓就有明暗的差异，自然立体感就会比逆光下更明显。因此，摄影师在拍摄花卉、植物或一些特写风景作品时，都会刻意用斜逆光来表现。

利用斜逆光手法来表现树干，长长的树影不但将场景的立体感完整呈现，更易于形成虚实对比、明暗反差的效果。

顶光与底光

顶光指的是光源位置在物体的正上方的光源。当光源在物体上方，影子的方向性一致，而且长度相当短、颜色比较暗，这会使影像缺乏层次感，产生不协调的阴影，因此在被摄主体的选择上就要有所考虑。一般而言，顶光需要考虑主体在凹凸面的落差，如果落差太大就不太适合。以人像而言，顶光会使人物的眼睛、鼻子和下巴部位呈现不自然的阴影，所以顶光并不适合拍摄人像，不过用顶光拍摄平坦的景致，将呈现较饱和的色彩及亮度均匀的光影效果。

光圈 F1.8 焦距 4mm 曝光时间 1/4000s 感光度 200

在顶光下拍摄平坦的场景，光线没有阻碍地照射在物体表面，可以让物体表面的色彩更加饱和，同时整个画面也不会受大面积的阴影干扰。

底光指的是光源位置在物体的正下方的光源。底光是一种特殊的光线，当其作为主要光源时，可产生较强的视觉冲击力，以及另类与时尚的印象。例如，在夜间刻意选择具有底光的建筑物来拍摄，会具有另一种不同的光影效果；若用底光当作辅助光源时，则可用来修饰主体的形态。

光圈 F2.8
焦距 7mm
曝光时间 1/8s
感光度 400

采用底光拍摄钟乳石可展现其千姿百态、陡峭秀丽的独特美感，使画面表现出强烈的延伸感和形式感。

4.1.4 光的强度与反差

光的强度是指光源照射到场景或被摄物体时所表现出来的亮度。光的反差则是指明暗的差异程度，两者所引起的视觉感受是截然不同的。

光的强度

当光源照明程度强时，被摄物体的受光面会比较明亮，而色彩、造型、纹路等都可以清晰地呈现；当光源照明程度较弱时，上述特征自然不会表现得太清晰。在照明较弱时，一般可以调整数码相机的感光度、色彩、对比和清晰度等设置以获得改善，但需要注意的是，数码相机在高感光度下所产生的噪点问题，可能会影响照片的影像质量。

光圈 F3.2
焦距 100mm
曝光时间 1/200s
感光度 800

现场光线充足，各种颜色都显得相当鲜明、艳丽，而且凡是光线照射到的地方，明暗和细节都能充分地表现出来。

光圈 F5.6
焦距 80mm
曝光时间 1/4s
感光度 320

在弱光环境下进行拍摄，对清晰度、对比度的要求较低，而应把着重点放在景致和气氛的营造上。日出、清晨、黄昏、夜晚和室内等都是典型的弱光环境。

光的反差

光的反差是指光源照射到物体时，被摄主体本身呈现出亮部与暗部在光量上的差异，这个差异大，称为高反差，差异小，称为低反差。

当场景出现高反差的情况时，所捕捉的影像会表达出清晰、鲜明、激昂、充满力量的情感。但如果场景的反差过大时，则一般的数码相机无法同时记录亮部与暗部的细节。此时，摄影师则需要通过曝光技巧来进行选择性地拍摄，或是额外使用辅助工具来降低反差，才能同时兼顾场景中亮部与暗部的表现。

在低反差场景中所捕捉的影像，具有与高反差影像相反的视觉表现力，主要用于传达精致、脆弱、柔软与忧郁的情绪。

光圈 F5.6
焦距 60mm
曝光时间 1/250s
感光度 100

面对低反差场景时，数码相机所捕捉的影像在视觉上不太清晰，色彩也不够饱和，不过这种现象并不是因为曝光失误，而是环境的亮度没有明显的对比。如果要克服这种问题，则要通过影像编辑技巧来改善。

提示：

在外景自然光线条件下，光线的强弱不受拍摄者控制，再加上自然光线变化多端，这时拍摄者多采用提高暗部亮度来控制画面的光线反差。简单来说，就是利用辅助光提高暗部亮度，或是利用较暗的景物作为前景，压低高亮度部分。如果效果还是不理想，拍摄者就需要根据具体情况做局部处理，如缩小画面的景别等。在利用人工光线拍摄时，控制光线反差相对容易些，因为人工光源便于控制，所以控制光线反差的方法通常是改变辅助光的照明，使被摄体的细节最大限度地得以表现。

4.1.5 调性的表现

调性由画面中明、暗的分布情况所决定。当画面中暗色系的景物较多，画面偏暗时，称之为低调性；当画面中亮色系的景物较多，画面偏亮时，称之为高调性。调性的表现重点取决于主体与光线的选择，若要表现高调性影像，则应以浅色的主体为主；而低调性的画面，则应由深色的主体所构成。

在光线方面，高调性画面需以软调光来表现，才能表现出清淡、细致的美感；而低调性画面则用硬调光来照射，并且光源照射的区域应在主体上，而不是全面受光，并在曝光时将曝光值降低 1/2 级左右，才能更加强调庄严、凝重、古典的视觉影响力，增添了一份静谧之美。

4.2 表现迷人的色彩

色彩可以给影像画面注入情感色彩，是影像画面的重要构成元素之一。学会应用色彩控制画面视觉效果，表现抽象的情感，可以更好地表现照片的主题。

4.2.1 色彩原理

在运用色彩构成前，我们应先了解色彩的基本原理。任何一种颜色都同时包含三种属性，即明度、色相和纯度。

明度，指的是色彩的明暗程度。每一种色彩都有自己的明度特征。白色是明度最高的色彩，而黑色是明度最低的色彩。

色相，指的是色彩所呈现出来的面貌，是一种颜色区别于另一种颜色的表面特征。在可见光谱上，人的视觉能感受到红、橙、黄、绿、蓝、紫这些不同特征的色彩，人们给这些可以相互区别的色彩定义名称，当我们称呼其中某一色彩的名称时，就会有一个特定的色彩印象，这就是色相的概念。

纯度，指的是色彩本身的饱和度，即其鲜艳的程度，也可以说是一个颜色含有灰色量多少的程度。当特定的色彩被混入白色时，其鲜艳程度降低，明度提高；当混入黑色时，其鲜艳程度降低，明度变暗；当混入明度相同的中性灰时，鲜艳度降低，明度没有改变。不同的色相不但明度不同，纯度也不相等。颜色中以三原色红、黄、蓝为纯度最高，而接近黑、白、灰的色彩为低纯度色。

4.2.2 影响色彩的因素

拍摄照片时既要运用色彩原理知识，又要运用拍摄技巧，以达到通过色彩表现传递、表达拍摄思想的作用。在拍摄过程中，场景中的色彩受到若干因素的影响。了解这些影响因素，就能够在拍摄相片时更好地控制色彩。

选择拍摄时间

在一天中，自然光不断变幻，不同的色温会表现出不同的色彩效果。色温较低时，场景的色调偏向橙红；色温较高时，场景的色调偏蓝。但光线变化很快，尤其在清晨和傍晚时，摄影师必须根据环境快速做出反应。

光圈 F10
焦距 18mm
曝光时间 0.8s
感光度 200

在日出和日落时，光线往往在一两分钟内都会有不同的变化。只有了解日照时间对色彩的影响，才能够更有预见性地把握精彩瞬间。

选择光线强度

除了拍摄时间外，不同时段的光线强度也会对色彩造成影响。在强烈的光线下拍摄，照片的色彩饱和度高，可以表现出鲜艳的色彩；在光照不足的阴天、雾天拍摄，色彩饱和度较低，颜色显得黯淡。

(1) 直射光

晴朗天气产生的直射光比较强烈，拍摄的画面色彩艳丽，可以很好地突出被摄主体的反差变化和明暗对比效果，更好地塑造体积感，但很难表现被摄主体的本质的色彩和丰富的色彩细节。

光圈 F4
焦距 35mm
曝光时间 1/4000s
感光度 640

直射光曝光准确后，可以表现色彩浓烈、体积感强的画面效果。但受感光元件的限制，亮部和暗部的色彩反差大，曝光值也不同，容易造成亮部曝光过度，无法还原真实色彩。对于色彩浓烈的物体，直射光容易导致层次丢失。

(2) 散射光

散射光相对于直射光显得较为柔和，但对于色彩的表现却更加优秀。这种光线可以使照片呈现更为丰富的细节，忠实还原被摄主体的本质色彩，而画面色彩饱和。因而，对于表现色彩丰富、层次丰富的画面，散射光最为理想。

光圈 F4.5
焦距 36mm
曝光时间 1/200s
感光度 400

散射光曝光准确后色彩还原真实，被摄体细节丰富，层次细腻，由于散射光光比均匀，使暗部细节也能良好表现，曝光相对容易控制。对于色彩本身比较浓烈的物体，散射光更容易表现层次。

(3) 弱光

弱光一般指的是清晨太阳即将升起或傍晚太阳刚刚落山时的光线。弱光下拍摄的效果接近于散射光，不过此时色温变化较大，很难还原被摄主体的真实色彩。但这时可以拍摄出奇妙、浪漫的色彩效果，并和空气中的雾霭营造美轮美奂的空间层次，因此深受风光摄影师的喜爱。

光圈 F10
焦距 18mm
曝光时间 0.6s
感光度 640

雾霭渐浓，使湖面更有一种梦幻的感觉。天空中云彩的变化和浅滩上的沟壑上下呼应，将视线汇聚到画面中树木剪影的焦点上，让画面给人带来一种更加新颖的视觉感受。

拍摄环境

除了日照时间和光线强度外，拍摄的环境对光线的反射作用也会对色彩产生影响，尤其在拍摄风光照片或静物时。

光圈 F4.5
焦距 100mm
曝光时间 1/640s
感光度 400

透明材质的拍摄主体很容易受到环境颜色和光线的影响。因此，摄影师在拍摄时要根据拍摄主体所要表现的色彩感觉，选择合适的背景和光线。

提示：

在风光摄影中，使用偏振镜可以消除水面和其他反光物体的反光，还可以增加画面色彩的饱和度，这种效果在直射光条件下更加明显。利用广角镜头拍摄平静的水面倒映着美丽的天空和岸上的景物，使画面宁静、优美。

曝光时间

曝光时间会对色彩的饱和度产生影响。曝光值提高，饱和度降低；曝光值降低，颜色则更加饱和。在拍摄时，摄影师可以根据拍摄对象和场景适当地增减曝光值。在拍摄人像时，为了使人物肤色显得白皙，可适当增加 1/3 ～ 2/3 档曝光；拍摄风景时，为了使色彩显得更加饱和，则可以减少 1/3 ～ 2/3 档曝光。

4.2.3 拍摄色彩的应用

色彩可以给影像画面注入情感色彩，是影像画面的重要构成元素之一。学会应用色彩控制画面视觉效果，表现抽象的情感，可以更好地表现照片的主题。

色彩的冷暖

红、橙、黄色常常使人联想到旭日东升和燃烧的火焰，因此有温暖的感觉；蓝青色常常使人联想到大海、晴空、阴影，因此有寒冷的感觉；凡是带红、橙、黄的色调都带暖感；凡是带蓝、青的色调都带冷感。色彩的冷暖与明度、纯度也有关。高明度的色一般有冷感，低明度的色一般有暖感。高纯度的色一般有暖感，低纯度的色一般有冷感。无彩色系中白色有冷感，黑色有暖感，灰色属中。

光圈 F11
焦距 60mm
曝光时间 1/2s
感光度 400

红色是人们所钟爱的颜色。以红色为基调的画面可以表现出温暖、热情、欢喜等比较激烈的情感，并富有强烈的视觉感。

光圈 F11
焦距 10mm
曝光时间 0.6s
感光度 400

画面中的冷色调的蓝色给人宁静、寒冷的感觉，光影对比描绘了远近的关系和层次。

提示：

在某些需要表现暖色调的情况下，自然景物却不具备暖色调的明显特征时，我们可以使用相机中的白平衡模式调整色温，从而强化照片效果。相机中的阴天白平衡，能够有效地加强画面的暖色调。

色彩的轻重感

色彩的轻重感一般由明度决定。高明度具有轻感，低明度具有重感；白色最轻，黑色最重；低明度基调的配色具有重感，高明度基调的配色具有轻感。

色彩的软硬感

色彩的软硬感与明度、纯度有关。凡明度较高的含灰色系具有软感，凡明度较低的含灰色系具有硬感；纯度越高越具有硬感，纯度越低越具有软感；强对比色调具有硬感，弱对比色调具有软感。

色彩的强弱感

高纯度色有强感，低纯度色有弱感；有彩色系比无彩色系有强感，有彩色系以红色为最强；对比度大的具有强感，对比度低的有弱感。即底深图亮则强，底亮图暗也强；底深图不亮和底亮图不暗则有弱感。

色彩的明快与忧郁感

色彩的明快感、忧郁感与纯度有关，明度高而鲜艳的色具有明快感，深暗而混浊的色具有忧郁感；低明度基调的配色易产生忧郁感，高明度基调的配色易产生明快感；强对比色调具有明快感，弱对比色调具有忧郁感。

色彩的兴奋与沉静感

色彩的兴奋感、沉静感与色相、明度、纯度都有关，其中纯度的作用最为明显。在色相方面，凡是偏红、橙的暖色系具有兴奋感，凡属蓝、青的冷色系具有沉静感；在明度方面，明度高的色具有兴奋感，明度低的色具有沉静感；在纯度方面，纯度高的色具有兴奋感，纯度低的色具有沉静感。

因此，暖色系中明度高、纯度高的色彩，兴奋感觉强，冷色系中明度低、纯度低的色彩最有沉静感。强对比的色调具有兴奋感，弱对比的色调具有沉静感。

色彩的华丽与朴素感

色彩的华丽感、朴素感与纯度关系最大，其次是与明度有关。凡是鲜艳而明亮的色具有华丽感，凡是浑浊而深暗的色具有朴素感。有彩色系具有华丽感，无彩色系具有朴素感。运用色相对比的配色具有华丽感。其中补色最为华丽。强对比色调具有华丽感，弱对比色调具有朴素感。

4.2.4 摄影色彩的配置

在拍摄过程中，运用不同的色彩，所呈现的画面效果也不同。色彩配置时，主体色调与陪体及背景色调的关系直接影响到最终的拍摄效果。大多数情况下，主体的颜色要比陪体和背景色更加明亮、鲜艳，并且明亮、鲜艳的主体的色彩面积相对于陪体、背景的色彩面积要小，小面积比大面积更加具有吸引力。

暖色运用

在色轮上，以黄色和紫色为界，将色轮分为两半，位于红色一侧的颜色称为暖色系。红色、橙色、黄色等都属于暖色系，它们可以象征太阳、火焰等元素。暖色系在色彩应用中可以传达热情、快乐、兴奋、活力、温暖等感情色彩。

红色在所有色彩中具有最强烈的色度，它可以表现热烈、喜悦、奔放、力量等情绪。红色也是中国文化中的基本色，是喜庆、成功、吉利、忠诚和兴旺发达的象征。因此，红色被赋予了太多的意义，在摄影创作中也被广泛运用。

橙色是黄色和红色的混合色。橙色的注目性很高，它既有红色的热情，又有黄色的光明，是人们普遍喜爱的颜色，它就像太阳一样温暖，可以使原本抑郁的心情豁然开朗。鲜明的橙色给人以精力充沛的印象，橙色营造出愉悦和欢畅的气氛。

黄色是所有颜色中反光最强的颜色。当颜色加深的时候，黄色的明亮度最大，其他颜色都变得很暗。有着强烈反光的黄色能轻松地抓住人们的视线。黄色给人冷漠、高傲、敏感、具有扩张和不安宁的视觉感受。

冷色运用

与暖色系相对的一侧是冷色系，包括绿、蓝绿、蓝等颜色。冷色系象征着森林、大海、蓝天等元素。它在色彩运用中，传达自然、清新、精致、忧郁、博大或深远等感情色彩。

蓝色是博大的颜色，是天空和大海的颜色，宁静而悠远。纯净的蓝色表现出美丽、文静、理智、安详的状态。深蓝色是信赖、真挚的颜色。蓝色易与其他颜色结合，最常见的是与绿色、白色的搭配，在现实拍摄中随处可见。

紫色是华丽、高贵庄重的色彩。紫色富有神秘感，在艺术家的眼里，紫色具备一切艺术家所需求的元素。紫色是蓝色和红色的混合色，所以它同时具有蓝色的宁静和红色的喧嚣，在不同场合下变化莫测，同时紫色具有非常浓郁的女性化气息。

绿色位于光谱中间，是平衡色，表现出和睦、友善、和平、希望、生机勃勃等意象。在风光摄影中，绿色常得以很好的表现。

无彩色运用

无彩色指除了彩色以外的其他颜色，常见的有金、银、黑、白、灰。无彩色同样在摄影作品中可以表现出各种感情色彩。

黑色象征权威、高雅、低调、创意，也意味着执着、冷漠、防御，是极为沉稳的颜色。白色象征纯洁、神圣、善良、信任与开放，但白色面积太大，会给人疏离、梦幻的感觉。

灰色象征诚恳、沉稳、考究。其中的铁灰、炭灰、暗灰，在无形中散发出智能、成功、权威等强烈讯息；中灰与淡灰色则带有哲学家的沉静。

同类色运用

在色环中相距45°左右，或者彼此相隔一两个数位的两色或三色为同类色。同类色属于弱对比效果的色组。例如，以蓝色为主，想得到它的相似色，应选择紫色或者青绿色，同类色色相主调十分明确，是极为协调的颜色。

光圈 F4.5
焦距 50mm
曝光时间 1/100s
感光度 200

黄绿相邻的颜色，在一定程度上实现画面和谐、稳定的感觉。

补色运用

色环中相距 180° 的对立关系的两个色位，我们称之为补色。补色的运用，可以产生最强烈的视觉关系，容易使人的视觉产生刺激、不安定感。如果搭配不当容易产生生硬、浮夸、急躁的效果，因此在构图和色彩上要注意主色色相与补色色相的面积大小关系。

光圈 F3.2
焦距 70mm
曝光时间 1/80s
感光度 400

在画面中，把绿色和红色这两个最典型的互补色进行搭配时，强烈的色彩反差会带来明显的色彩对比效果，具有强烈的视觉效果。

光圈 F5.6 焦距 55mm 曝光时间 1/1600s 感光度 200

运用互补色进行摄影创作，能够进一步提高画面颜色的鲜艳度，使主题更加明确，画面更具吸引力，适合表现风景或者有异域风情的纪实题材。

Chapter 05 人像摄影

5.1 人像摄影取景技巧

人像摄影以表现人物的形象为主，摄影师取景时要考虑背景和人物的画面构成，使画面观看起来舒服，同时人物的相貌、表情、姿态得以很好地展示与突出。

5.1.1 取景范围的选择

要强调人物形象，摄影师取景时可以使人物充满整个画面；结合前景、背景效果时，要分析、判断每个画面中会出现的陪衬对象。常用的人像取景方法有特写、近景、中景和全景。

特写

特写一般以表现人物面部为主。通过特写，表现人物瞬间的表情，展现人物的内心世界。在拍摄特写画面时，构图力求饱满。这时，由于被拍摄对象的面部形象占据整个画面，给观众的视觉印象格外强烈，具有极强的视觉冲击力，画面的感染力也因此而增强。

光圈 F16
焦距 85mm
曝光时间 1/160s
感光度 100

光圈 F1.8
焦距 85mm
曝光时间 1/200s
感光度 200

特写画面细节突出，易于表现人物的表情和情绪状态。

近景

近景拍摄的取景范围是人物头部到腰部以上的大致位置。画面包含的空间范围有限，用以细致地表现人物的神态。近景照片多采用纵向构图，人物头部的位置可根据空间背景适当留取。

拍摄近景人像多选用简洁的背景，排除分散观赏者的视觉注意力的其他元素，使被拍摄对象的形象给观赏者留下较深刻的印象。同时，近景人像拉近了人物与观赏者之间的距离，从而产生交流感。虽然近景的人物照片没有特写那么强烈的视觉冲击力，但也不乏表现力。

提示：

拍摄近景人像，摄影师同样要仔细选择拍摄角度，注意光线的投射方向、光线性质的软硬等因素。人们常常觉得自己太胖或者太瘦，对胖者可以采用俯拍，可使人物的脸型变得稍长一些；对瘦者可采用仰拍，人物的脸型会相对变得丰满一些。

中景

中景主要拍摄人物头部至膝盖以上部位。中景人像拍摄能够通过肢体语言展现人物造型、动作和情绪交流，并纳入背景环境。

光圈 F5.6
焦距 70mm
曝光时间 1/1250s
感光度 400

中景人像赋予了被摄人像更多的肢体语言空间和背景空间。人物姿态的变化，给画面构图带来更多的选择。

全景

全景拍摄人物的全身形象以及所处场景的环境。全景人像可以展示人物的丰富表情、身体线条、肢体动作，同时交代人物与所处场景的关系。通过对人物形体动作的表现来反映人物内心的情感，同时，环境对人物起到说明、解释以及烘托的作用。

光圈 F2.8 焦距 85mm 曝光时间 1/500s 感光度 400

如果在户外进行拍摄，要明确取景的意图，注意观察、分析周围环境，并选择能够充分展现人物形象气质的拍摄角度。

全身人像为拍摄者提供了更多的发挥空间，包括灯光的运用、背景的选择，以及人物的姿势、动作等。拍摄全身人像，我们可以将注意力转移到人物的形体姿态上来，并结合光线和背景来重点表现被摄人物。

光圈 F2.8 焦距 24mm 曝光时间 1/100s 感光度 200

拍摄室内全身人像时，拍摄者可以练习各种布光方式，找到更合适的表现方法。

5.1.2 选择拍摄背景

一幅好的人像摄影作品力求突出人物，主次分明，以达到简洁明快的艺术效果。人像摄影的重点就是反映人物的容貌和气质，背景要尽量简洁、生动一些。这样就可以有更多的空间表现主体人物，避免喧宾夺主，使人物更加形象和生动。

使用简洁背景

想要拍摄成功的人像作品，就必须尽可能减少分散注意力的背景因素，简洁协调的背景能够更好地突出人物。在室外，建筑物的墙壁是最容易找到的单色背景，可以避免杂乱的背景分散观赏者的注意力。

光圈 F5
焦距 176mm
曝光时间 1/320s
感光度 320

利用大光圈拍摄人物特写，可以简化背景。

选择富有感染力的背景

使用广角镜头拍摄人像时，纳入的环境范围很大，而且难以用浅景深来突出人物。在这种情况下就需要更精心地选择背景。如果环境本身就是很好的一幅风光照片，再把人物安排到合适的位置，通常都会得到满意的作品。

光圈 F3.2 焦距 85mm 曝光时间 1/500s 感光度 200

在户外拍摄时，一般以绿植为背景进行拍摄都可以获得很好的画面效果。

光圈 F2.8
焦距 38mm
曝光时间 1/100s
感光度 100

利用拍摄人像的环境作为背景，不仅可以衬托主体，还可以达到表现叙事性的画面效果。

利用浅景深虚化背景

使用浅景深可以虚化背景效果，使背景变得更加简洁，令被摄人物形象跃然而出。想要拍摄出浅景深效果，可以使用大光圈、长焦距或让拍摄对象远离背景 3 种方法。

光圈 F2
焦距 35mm
曝光时间 1/200s
感光度 200

想要拍出背景虚化效果，大光圈必不可少。大光圈除了可以在光线较暗的环境中获得充足的进光量外，还可以有效地使背景变得模糊，分离人物和背景，更好地突出人物。

光圈 F5.6
焦距 180mm
曝光时间 1/100s
感光度 320

使用大光圈虚化背景，可以在画面中营造温馨、浪漫的意境。同时，针对面部使用点测光，可以使主体更加突出。

人物与背景之间的距离也会影响景深效果。背景离人物越远越模糊。让人物远离背景，不管是采用大光圈还是长焦段拍摄，都能够很好地虚化背景。

人物与背景距离过近，很难出现虚化效果。

让人物远离背景，能够很好地表现背景虚化效果，突出主体。

提示：

使用长焦段拍摄时，特别需要注意防抖，轻微的抖动都会造成影像模糊。手持拍摄的安全快门应设置为镜头焦段的倒数。也就是说，如果使用 200mm 的焦段拍摄，要保证快门速度在 1/200 s 以上才能稳定手持拍摄。

光圈 F3.2
焦距 105mm
曝光时间 1/800s
感光度 100

所使用的镜头焦距越长，背景越模糊。因此，人像摄影也经常采用 85mm~200mm 的中长焦段。长焦段镜头还能够起到压缩背景空间的作用。

前景虚化效果

背景虚化是人像摄影最常用的技法之一，而前景虚化或前、后景都虚化，往往能够营造出更加浪漫的画面效果。

前景虚化也被称为散景在前。前景虚化的方法与背景虚化类似。使用的光圈越大，前景越容易虚化；前景离人物越远越容易虚化；使用的焦段越长越容易虚化；前景离摄影师越近越容易虚化。

提示：

前景虚化与背景虚化的不同之处在于，要特别注意准确对焦和锁定焦点。拍摄前景虚化的照片时，前景往往会与人物有所叠加，必须使用中央单点对焦准确地对人物眼睛对焦，并在对焦后锁定焦点。

光圈 F4 焦距 70mm 曝光时间 1/640s 感光度 200

利用前景虚化，可以使画面干净雅致，强调温馨、浪漫气氛，同时很好地起到延伸视线、丰富画面层次的作用，有效地增强整个画面的空间感。

利用透视营造空间感和延伸感

在人像摄影中，利用透视营造空间感是获得理想背景的很好方案。摄影师进行拍摄时，仔细观察周边的环境，就可以轻松地从墙壁、走廊、树木、围栏等陪体上找到透视线条。透视能够增强画面的空间感和延伸感，画面简洁而又不喧宾夺主。

光圈 F2.8
焦距 38mm
曝光时间 1/100s
感光度 320

利用环境本身具有的线条，引导观赏者的视线汇聚到主体人物上。这些线条很好地起到延伸视线、丰富画面层次的作用，有效地增强了整个画面的空间感。

用特写拍摄时舍弃背景

拍摄特写人像需要仔细地观察，抓住人物的表情、神态，突出最美的局部特征，使画面更具表现力。拍摄特写人物时，被纳入照片的部分越多，需要控制的元素就越多，构图的难度也就越大。大胆裁剪是一种很好的解决方案。最常见的是突出表现眼睛和嘴唇，还可以借助化妆、道具营造整个画面的氛围。

5.1.3 摆姿的技巧

在人像摄影中，模特的姿态是画面构图重要的组成元素之一，肢体语言和表情的控制在很大程度上决定了照片的最终成像效果。摄影师应发挥主导作用，帮助模特摆姿。专业模特训练有素，能够很快领会摄影师的拍摄意图并善于表现。而大多数摄影爱好者都没有太多的机会去拍摄专业模特，对拍摄普通人则需要更多耐心，适当引导、多加鼓励，使其放松并渐入佳境，才能捕捉到自然流露的生动瞬间。因此，掌握摆姿和构图的一些基本要领显得尤为重要。

仔细观察模特

人像摄影要从观察模特开始。摄影师要先对模特的外形特征有所认识，确定从哪些角度拍摄最能体现模特的美感；仔细观察模特的亮点，并在拍摄过程中把它转化成视觉中心；同时要注意哪些地方需要加以修饰或掩盖；另外还要根据模特的言谈举止揣摩其个性、气质和审美观等，选择可以展现其个性特点的姿态造型。

调动模特的情绪

在拍摄人像照片时，调动模特的情绪非常重要。为了提高成功率，摄影师可以在拍摄前与拍摄对象进行交流，明确拍摄意图；在拍摄时不断鼓励拍摄对象，使其注意力一直保持在镜头上，连续地拍摄，让其感觉拍摄的过程很愉悦、流畅。在轻松愉悦的拍摄氛围中，获得的照片看起来会更加自然。即使有些时候模特在拍摄过程中的表现不够好，也要继续保持拍摄，多鼓励模特，使其表现越来越好。

光圈 F2.5 焦距 56mm 曝光时间 1/125s 感光度 400

饱满的情绪是塑造模特个性、融入画面氛围的重要手段。及时与模特沟通，用语言或者手势夸奖模特，能够更好地增强模特的自信心，增强其表现欲。

眼睛是心灵的窗户，也是人像摄影中最重要的表现部分，表现好眼睛对于展现人物的性格特点、渲染画面情绪起着至关重要的作用。人像拍摄通常使用单点、单次对焦模式，针对人物的眼睛精确对焦，这样才能保证眼睛清晰。

站姿拍摄

站姿是人像摄影中最常见的姿势之一。很多人像摄影师尤其偏爱拍摄女性模特。相对男性模特而言，女性模特更具表现力和可塑性。在拍摄女性模特时，表现身体优美的曲线是必不可少的。专业模特可以根据摄影师的意图摆出千姿百态的造型。而摄影师要充分调动模特的灵活性，尝试不同的动作，让身体充分展现美感。

当模特正面朝向镜头时，模特可以摆出一些手部姿势。肩膀、手、胳膊、腿、腰等部位都可以充分调动起来。身体任何一个部位的变动，都可能影响模特的体态，表达不同的情绪、气质。

拍摄半身人像时，加入手臂动作，可以更好地展现人体的曲线、丰富画面效果。

提示：

拍摄站姿人像时，通常会有手和脚的表现，虽然在整个画面中所占比例不大，但如果处理不好，会破坏画面的整体美观。摄影师拍摄时一定要注意手部、脚部的姿态和完整性，避免产生残缺、折断或严重变形的画面效果。如果模特手中持有道具，更要注意手指之间的优雅造型，切忌紧握道具或拿捏的位置不当。

倚靠姿势拍摄

倚靠是站姿的一种变化方式，依托环境中的墙壁、廊柱、大门、围栏等景物为模特提供支撑，可以从身体不同部位的倚靠中产生姿势的变化。需要注意的是，这种倚靠不是因为疲劳，因此要注意模特的表情与细节的控制。

模特倚靠时不要太过用力，以免造成倚靠部位的变形。

光圈 F2.8
焦距 38mm
曝光时间 1/100s
感光度 400

选择不同的背景，可以采用不同的倚靠方式，重点在于所要展现的人物的美好姿态。

坐姿拍摄

在人像摄影中，人物的坐姿造型是一种经常被采用的人像摆姿方式。在拍摄女性坐姿造型时，摄影师一定要重点突出模特的腿部线条和气质。在拍摄时，腿部线条、姿态与模特的气质一气呵成，才能大大增加人物的魅力。

光圈 F4 焦距 105mm 曝光时间 1/1600s 感光度 200

选择坐姿拍摄时，摄影师要尽量避免复杂的图案分散观赏者的注意力。模特的服装最好能与背景形成鲜明的明暗对比。

拍摄席地而坐的模特时，多采用L形坐姿。模特上身挺直，两腿稍微弯曲或平放，从侧面看其呈现出L的形状。这种坐姿不但使身体很舒服，还能够在一定程度上隐藏模特身材上的某些不足。

身体挺直，上半身稍微向前倾，将身体重量移到大腿上，这样的仪态更优美，显得腿比较纤细。如果模特腿部不够笔直，可以侧坐来掩盖腿部缺点。

提示：

模特以坐姿拍摄时，要尽量避免将整个身体深深陷入椅子。正确的坐姿可以避免垂肩、凸肚和双下巴。

躺姿拍摄

躺姿照片虽然看起来漂亮，但拍摄起来有一定难度。拍摄躺姿时的拍摄角度尤为重要，把握不好会造成模特脸部变形，或身材比例不协调等问题。

光圈 F2.5
焦距 50mm
曝光时间 1/160s
感光度 200

利用俯视角拍摄人物特写，可以很好地表现人物的神态和表情。

提示：

侧躺的姿势更容易展现模特迷人的身体曲线以及女性的妩媚和性感，比较适合时尚性感的摄影风格。侧躺的要领是腰部下压，臀部翘起，更加突出身体的S曲线；双腿宜采用一曲一直或小腿交叉的姿势。

光圈 F2.5
焦距 50mm
曝光时间 1/160s
感光度 200

当模特平躺在床上或者地板上时，为了避免画面的呆板，模特可以根据拍摄情况改变手臂或腿部的姿态。摄影师也可以利用对角线构图从高处进行俯拍。

抓拍动感画面

动感的人像照片会给人带来一种无拘无束、充满活力的感觉。拍摄这类照片通常需要保证较高的快门速度。同时，为了避免使用浅景深出现对焦失误，通常采用 f/8 左右的中等光圈配合广角镜头保证画面有足够的景深。对焦可以采用连续自动对焦模式，也可以预先对静止的模特手动对焦，然后以高速连拍的方式抓住主体对象运动的瞬间。

光圈 F7.1
焦距 68mm
曝光时间 1/125s
感光度 800

使用广角镜头拍摄能够扩展空间感，让观众的情绪更容易融入现场的气氛中。

在画面中融入故事情节

在拍摄人像照片时，摄影师也可以把将要拍摄的画面想象成影片中的一个镜头。用这种方式，可以把要拍摄的一系列照片分割成不同的镜头，虽然没有对白，但是可以通过不同的场景、道具和动作的安排，让整个情节展现在照片中。

光圈 F2
焦距 50mm
曝光时间 1/125s
感光度 320

在画面中融入故事情节时，画面不一定要直白地表现人物的面部或者全身。局部的表现可以给观众留下想象的空间。

利用道具

人像摄影经常会使用一些道具，如鲜花、气球、风车、帽子、眼镜、包、伞等。使用道具能够让人物的姿态、动作、表情有所依托，可以更好地烘托画面气氛，美化和丰富人物内涵，为整个画面起到画龙点睛的作用。

光圈 F4
焦距 125mm
曝光时间 1/160s
感光度 100

使用道具可以更好地美化、烘托画面气氛。拍摄女性常选用一些软性的道具，如鲜花、轻纱、气球等。而拍摄男性则要选用一些能够表现阳刚之气的道具。

5.2 人像摄影常用布光方法

选择和运用光线是拍摄人像一个非常重要的环节，了解经典的布光模式对拍摄人物很重要。

5.2.1 伦勃朗光模式

伦勃朗光是以 17 世纪荷兰画家伦勃朗的名字命名的布光模式。伦勃朗光打在人脸上会使人物的鼻部阴影与脸部侧影连在一起，从而使人物脸部的暗部出现一个三角形的明亮区域。这样的光线比较有个性，如果再加上大光比的应用，更能彰显人物个性。

一般来说，要打出伦勃朗光，需要把主灯放在模特的侧前方，并以向下 45° 的角度打光，实际操作时还必须根据模特的脸型做微调。伦勃朗光常用来拍摄男性人物肖像，这种打光方式可以表现男性的硬朗气质。

光圈 F8 焦距 50mm 曝光时间 1/200s 感光度 100

使用伦勃朗光拍摄男性模特时，可以使画面亮部与暗部呈现较大的差异，阴影效果黑白分明，但是却容易使亮部与暗部的细节消失，所以常用来刻画拍摄对象的轮廓、线条以及表现阳刚、热情的视觉印象。

如果模特的眉弓骨和鼻梁都比较高，采用伦勃朗光就要注意反差的问题。因为这样的打光方式有可能让处于暗部的眼睛被埋没在阴影中，从而使整个人的感觉较为阴暗，所以需要在暗部打灯来弥补反差。

5.2.2 环形光模式

环形光的打光方式和伦勃朗光很像，不过环形光并不像伦勃朗光线一样，会将模特的鼻部阴影与脸部侧影连成一体形成三角形的光亮区。环形光会在模特的鼻部形成弧线形阴影，并不会连到脸部的侧影。

因为环形光可以突出人脸的立体感，又不会像伦勃朗光那样难以控制，所以人像拍摄时经常使用环形光。

环形光如果反差大一点，可以用在有个性的照片中，但又不像伦勃朗光一样，可能出现眉弓骨下阴影的问题。

光圈 F9
焦距 92mm
曝光时间 1/100s
感光度 100

肖像摄影常使用环形光模式。将光线从相机的左侧或右侧，以大约25°~45°照向拍摄对象。这种光线能更好地表现出人物的面部表情和皮肤质感。

5.2.3 蝶形光模式

蝶形光因会使模特的鼻部下方产生一个蝴蝶状的阴影而得名。这样的打光方式经常被用在电影中，因此蝶形光也被称为派拉蒙式打光。

蝶形光和前两种光的布光方法不同。打蝶形光，是在模特的正前方往下45°打光。这样的打光方法很容易弱化模特的两腮阴影，可以让脸部看起来比较瘦，很适合用来拍摄女性。一般来说，彩妆人像摄影经常会用到这种打光方式，因为蝶形光会让脸部受光均匀，妆容也更容易展现出来。

5.2.4 苹果光模式

苹果光又常被称为美人光。顾名思义，这样的光线可以使人物在照片中显得更加漂亮。苹果光常用于拍摄女性。这种布光方式可以很好地展现女性的柔美气质，又不失细节。

采用苹果光布光时，把主光放在人物正前方，从上往下45°打光。主灯主要提供大面积的柔光。人物脸部下方还要放置一只副灯，由下往上45°往人脸部打光。副灯的主要作用是降低主灯在鼻子和人中下方的反差。由于主、副灯之间刚好形成90°角，这样打出来的光线会让人的脸部没有瑕疵，给人白皙、透亮的感觉。

5.2.5 反差

反差是指一个场景中曝光最亮部分到最暗部分之间的差别。对画面中反差的控制会直接影响观赏者的观感。在很多情况下，摄影师可以通过控制反差来决定画面质量和造型风格。

光圈 F3.5
焦距 50mm
曝光时间 1/320s
感光度 200

反差的另一个比较复杂的叫法是光比。如果亮部和暗部的测光值相差1个EV值，此时的光比是1∶2；如果测光值相差2个EV值，此时光比就是1∶4；如果相差3个EV值，光比就是1∶8；如果相差4个EV值，光比就是1∶16，以此类推。比值越小，画面亮部和暗部的差异越大。

光圈 F4
焦距 38mm
曝光时间 1/160s
感光度 200

光圈 F1.4
焦距 50mm
曝光时间 1/4000s
感光度 100

在暗光环境下拍摄人像时，可以利用逆光拍摄的方法增加画面的反差，但需要注意人像姿态和背景的选择，以避免造成画面主题不突出的问题。

光圈 F1.4 焦距 50mm 曝光时间 1/1000s 感光度 100

在逆光环境下拍摄人像时，可以将反光板、闪光灯放置在相机附近，对被摄人物的面部进行补光，这样可以降低画面的反差，使画面效果更为柔和。

5.3 室外人像拍摄

在人像摄影中，光线对画面效果有着很大的影响。在自然光线下拍摄人像，最容易获得理想效果的是散射光。在阴天或者多云的天气里，阳光被空中的云彩遮挡，不能直接投向地面。这种散射光的光线很柔和，不会形成明显的阴影。在这种光线下，人物的肌肤细腻、干净、有质感，是人像摄影较为理想的光线。

光圈 F1.4
焦距 85mm
曝光时间 1/400s
感光度 200

在自然光下拍摄人像，要尽量选择顺光、前侧光，让光线均匀地照亮模特脸部。

光圈 F1.8
焦距 85mm
曝光时间 1/80s
感光度 200

在阴天拍摄人像时，需要使用较大的光圈以获得足够的进光量，满足手持安全快门速度。如果使用大光圈后，仍无法达到安全快门速度，可以适当提高 ISO 感光度，避免手持拍摄的抖动导致画面变虚。

需要注意的是，阴云天气看似光线平淡，仔细观察仍然会看到光线的层次，尤其在明暗交接的场景中，善加利用光线更易于营造出极具韵味的感觉。

提示：

阴云天气的天空单调、苍白、缺乏色彩和层次，建议选取不带天空的背景进行拍摄。另外，很多人在阴天拍摄时，容易出现人物面部灰暗的问题，适当地增加曝光补偿，可以让皮肤更加白皙。如果希望利用反光板为人物添加眼神光或提亮面部，在散射光环境下，不要使用过强的补光设备，以免破坏散射光本身的柔美效果。

光圈 F2.8 焦距 85mm 曝光时间 1/320s 感光度 200

在复杂的光线条件下，对人物面部运用点测光，可以避免曝光失误，很好地表现皮肤的质感。如果要更好地表现白皙的肤色，通常还会适当增加 1/3EV~1EV 曝光补偿。

在阳光充足的晴朗天气进行拍摄时，最佳拍摄时间段是日出至上午 9 点，以及下午 5 点至日落，这两个时间段的光线相对柔和，同时，摄影师也容易通过光线的影调塑造人物的轮廓线条。

光线透过介质散射之后，再照射在被摄主体上时，会在主体的亮部与暗部呈现丰富的细节，而阴影效果表现柔和或几乎不存在。所以在这种软质光线下进行拍摄，无法传达强烈的印象，不过若用来表现写实、柔美、飘逸的情境将会获得绝佳的效果。

光圈 F2.8
焦距 105mm
曝光时间 1/125s
感光度 100

软质光是用来拍摄柔美女性的理想光线。在这种光线下，模特的肌肤细腻、干净。

正午的阳光几乎垂直照射地面，在拍摄人物时容易在额头、肩膀处留下明显的高光区，而在眼窝、鼻下、下颚处也会留下明显的阴影区域，使脸部形成较大的明暗反差，影响人物的表现。通常不建议在这种强烈直射光下进行人像拍摄。但在直射光下，可以拍摄比较硬朗、飒爽、时尚感的画面。

在直射阳光下拍摄时，要尽量选择顺光、前侧光，让光线均匀照射模特面部。

如果不可避免地要在阳光强烈的时段进行拍摄，可以通过环境和道具的运用加以改善。最简单的方法是仔细观察光线的角度和照射范围，主动避免强光直射。树荫、凉棚这样的区域，光线往往较为均匀，选择这一类的区域能够避开直射阳光，让光线变得均匀、柔和。如果四周没有能够提供散射光的遮挡区域，也可以使用太阳伞、帽子等遮挡阳光。同时，它们还可以起到小道具的作用，让画面变得活跃。

光圈 F5.6 焦距 252mm 曝光时间 1/200s 感光度 500

选择适当场景，可以巧妙地避免阳光直射造成的强烈明暗对比。在树荫下拍摄，光线也会变得柔和、均匀，很容易获得柔和细腻的画面效果。

光圈 F5.6 焦距 210mm 曝光时间 1/250s 感光度 300

在直射光线下采用侧逆光拍摄，能够使模特产生明亮的轮廓线，也能够充分表现出陪衬体的质感。同时景物之间反差较大，具有强烈的立体感与层次感。不过，由于模特的正面处于阴影中，如果不进行任何补光而直接拍摄，就会使面部曝光严重不足。这种情况下就需要使用反光板、闪光灯等设备对模特的脸部进行补光。

5.4 室内人像拍摄

在室内拍摄时，既可以利用自然光线，也可以利用人造光线。对于人像摄影而言，室内摄影更具魅力和挑战性。在室内运用自然光线进行拍摄时，尽量选择靠近自然光源的位置进行构图。因为室内的自然光线类似于户外拍摄时的散射光，可以拍摄出柔和自然的画面效果，同时可以避免因自然光线不足而产生的曝光问题。

光圈 F4
焦距 22mm
曝光时间 1/15s
感光度 200

选择别具一格的窗户作为背景进行拍摄，不仅可以提供拍摄的光源，还可以丰富画面内容。

室内人造光线较为复杂。在室内弱光环境中拍摄人像时，最好选择一款 f/1.4~f/2.8、焦距在 35mm~50mm 的大光圈防抖镜头。大光圈可以获得更高的快门速度。配合 35mm 左右的焦距，在狭窄的室内空间中不但可以拍摄特写，也可以拍摄半身甚至全身人像，构图更加灵活。

光圈 F2.8
焦距 85mm
曝光时间 1/800s
感光度 200

在人造光源下会造成画面偏色现象。但有时也可以利用这种偏色效果，使画面具有温馨氛围。

在室内使用闪光灯拍摄时，直接对着拍摄主体闪光，即使曝光准确，也会直接在人物的面部和背景中产生明显的阴影，光线显得过于生硬，给人不自然的感觉。想要获得更为自然的闪光效果，就需要让闪光灯的光线变得发散，并通过光线散射分布到不同的方向。

在室内使用外接闪光灯时，如果有高度合适、颜色相对中性的白色的天花板，就可以通过天花板的使用，简单有效地获得柔和的光线。把闪光灯的灯头以 70° ~75° 的角度对准天花板，白色天花板就会产生光线的散射效果。由于光线从上方反射过来，因此画面可以获得一种非常自然的效果。

光圈 F10 焦距 50mm 曝光时间 1/200s 感光度 100

在室内拍摄女性对象时，可以利用柔光罩使拍摄光线变得均匀、柔和，能够更好地展现女性的柔美之感。

光圈 F9
焦距 66mm
曝光时间 1/160s
感光度 100

在室内拍摄人像时，使用闪光灯的跳灯技巧可以真实还原拍摄对象的色彩，还可以让光线变得柔和。

5.5 夜景与弱光人像拍摄

拍摄夜景人像既需要考虑前景和背景的正常曝光，又要考虑在光线不足的条件下如何保证人物清晰，属于难度较大的一类人像拍摄。如果使用相机的自动模式拍摄，相机会自动启用闪光灯，由于相机闪光灯范围有限，加上曝光时间短，虽然离相机较近的人物能够得到正确曝光，背后的夜景却会变得漆黑一片。

光圈 F1.8 焦距 85mm 曝光时间 1/80s 感光度 200

在拍摄夜景人像时，闪光灯闪光后，要求人物继续保持不动，避免由于移动而导致画面模糊。

如果环境条件许可，摄影师可以将主体人物安排在光线相对较亮的区域中。这样在一定程度上能够保证人像与背景之间光线的均衡，即使不使用闪光灯或者外拍灯为人像补光，也能够拍摄到较为满意的作品。在这种情况下，由于现场光线比较暗，往往要用较大的光圈，提升 ISO 感光度。如果手持相机进行拍摄，摄影师要尽量选择带有防抖功能的镜头，并尽量保证快门速度达到 1/15s 以下。

光圈 F1.8
焦距 50mm
曝光时间 1/125s
感光度 100

借助环境光线拍摄，画面的光影效果非常自然。提高 ISO 感光度并开启防抖功能，可以保证主体对象的清晰。

光圈 F2.5
焦距 50mm
曝光时间 1/100s
感光度 100

充电式外拍灯和闪光灯可以为夜景人像拍摄提供更充足的光线以及塑造光线的可能。将它们与反光板配合使用，可以制造出完美的人像用光。

在同一夜景内可能有数种不同性质的人造光源，往往会造成色偏，即使调整白平衡也难以克服。摄影师可以使用色温调整来补偿环境灯光所造成的色偏。也可以保持现场五彩缤纷的光影，来呈现其律动与氛围，这一切依摄影师的诠释而定。

光圈 F2.5
焦距 85mm
曝光时间 1/125s
感光度 200

利用夜景环境中的人造光源造成的偏色，可以表现环境氛围。

5.6 儿童摄影

儿童摄影是人像摄影中非常具有表现力的题材。儿童天真、活泼、可爱、不做作的神态是画面中需要捕捉的趣味点。现代家庭中，很多父母购买单反相机的原因之一是希望将孩子的成长过程记录下来。

5.6.1 掌握儿童摄影的 6 个要点

儿童摄影更强调抓拍的重要性和画面的趣味性。下面我们先来学习拍好儿童照片的 6 个要点，以方便拍摄者快速掌握儿童摄影的要点。

熟练对焦，精准抓拍

孩子总是很好动，摄影师想要抓拍清晰的照片，需要及时切换相机的对焦模式。当孩子处于静止状态时，就用单点单次对焦模式或者手动对焦模式进行拍摄；当孩子处于运动状态时，就用连续自动对焦模式进行拍摄。

对孩子进行抓拍时，摄影师可以使用长焦镜头站在一定距离外进行抓拍，让孩子在感受不到镜头压力的情况下，摄影师则能得到更好的拍摄效果。在拍摄时，摄影师与拍摄对象保持一定距离，让孩子们一起玩耍，给他们更为自由的空间。这样更容易抓拍到孩子可爱的表情，在照片中展现不同的个性。

光圈 F4.2
焦距 30mm
曝光时间 1/228s
感光度 50

拍摄时提高相机的快门速度以缩短曝光时间，可以捕捉儿童玩耍时的瞬间状态。这样可以使画面更加清晰、自然，避免因人物运动而造成的模糊现象。

使用沟通技巧让孩子配合拍摄

对于拍摄儿童而言，如果使用摆拍的方式，通常显得不够自然。儿童摄影的重点是体现孩子童真、活泼的一面。拍摄者应学会引导和调动孩子的情绪，将其天性表现出来，才能拍摄出更自然、更具有活力的照片。

善用连拍模式拍摄精彩画面

在拍摄小朋友时，常出现的状况是快门跟不上小朋友移动的速度，而且除了要拍得够快之外，还要拍得精准，才能确保照片清晰不失焦。拍摄时可预先取好构图范围，按着快门随着小朋友的移动路线连拍，就可以轻松拍出小朋友精彩的动态照片。

光圈 F4
焦距 100mm
曝光时间 1/400s
感光度 200

光圈 F5
焦距 17mm
曝光时间 1/250s
感光度 100

当孩子在玩耍时，他们会完全沉浸在自己的世界里，看似无趣的小物品也可能让他们饶有兴趣地玩上半天。这时，摄影师不要去打搅他们，远远地仔细观察孩子的表情和神态进行抓拍，也是很棒的方法。

根据拍摄需要找到理想的拍摄场所

拍摄照片的时候，家长选择后退一点点，把拍摄那一刻的背景也摄入镜头，可以让照片更具独特性。背景所包含的丰富信息，便于讲述整个拍摄故事。

光圈 F4
焦距 85mm
曝光时间 1/250s
感光度 100

光圈 F1.8 焦距 50mm 曝光时间 1/30s 感光度 100

拍摄这样的照片时，尽量保持距离并使用远摄镜头进行拍摄。而大光圈的应用则能更好地将儿童从繁杂的背景中分离出来，成为照片视觉焦点。

拍摄时将儿童置于画面中心，同时占据画面较大比例，简单的背景使人物形象更加突出。在拍摄儿童时，特别需要注意孩子的眼神。因为眼睛可以反映出真实的内心世界。

拍摄幼儿时可以利用家中现有的一些物品来充当背景，如围巾、毛毯、地毯、毛衣、帽子等。这些物品的材质在光线的作用下可以为照片增加视觉吸引力。

善用道具丰富画面感

由于儿童的行为无法预测，因此拍摄他们时需要做好额外的准备。如果要拍摄年龄很小的儿童，可以利用一些能够吸引他们注意力的玩具，以捕捉孩子微妙的表情变化。使用道具来调动画面的活泼感，一方面有道具会使儿童更加放松；另外一方面，照片画面也会变得丰富、好看。

拍摄时，摄影师可以通过与孩子互动，使用一些吸引孩子注意力的道具，调动孩子的情绪，再结合相机的连拍功能，将儿童的一系列表情记录下来。

光圈 F2.8 焦距 63mm 曝光时间 1/160s 感光度 200

年幼的儿童耐心有限，拍摄时尽量简化拍摄的过程，缩短拍摄时间，多利用抓拍和连拍才能获得满意的画面效果。

运用合适的视角

儿童摄影有别于一般人物摄影的最主要的地方就是高度问题，由于小朋友的高度远低于成人，因此想要记录最真实的情感，最好的拍摄方法就是蹲低，以小朋友的水平视角进行拍摄，画面中很容易传达出儿童的世界观。

除了经常使用平视角拍摄儿童外，还可以使用俯视角拍摄出不一样的视觉效果。需要注意的是，使用俯视角拍摄时不能展现孩子的整体身姿，焦点应放置在孩子的表情上。

5.6.2 拍摄处于不同成长阶段的儿童

随着时光流逝，婴儿与孩童时期的生活照片显得格外珍贵。很多父母都希望通过摄影将孩子的成长过程和精彩的片段永久地留存下来，期待着当孩子长大后再翻起这本相册，可以看到当时天真的自己。在动手为孩子拍照的时候，拍摄者要非常用心，确保每一张照片都成为孩提时代的最佳写照。按照这个要求，拍摄者既要懂得儿童的心理，又要掌握摄影技巧，把这两者结合起来，才能圆满地达到目的。

拍摄新生儿

刚出生的婴儿一般睡眠时间比较长，非常安静、乖巧，比较容易摆姿势进行创作。拍摄婴儿时，拍摄者可以准备一些干净、柔软的毛毯或布料，打造一个简单、实用的拍摄环境，还可以准备一些有趣的小道具，增加画面的趣味性。

光圈 F5.6
焦距 140mm
曝光时间 1/50s
感光度 100

新生儿的表情、动作都比较少，为了避免照片显得太单调，拍摄时可以多运用一些创意，如拍摄局部特写作为主体在画面中的重点展现。可利用对比的手法进行衬托，如利用大人的大手和孩子的手脚进行对比。

光圈 F2.8
焦距 70mm
曝光时间 1/125s
感光度 100

为孩子拍照片时，可以让父母参与到其中。这不仅可以对年幼的孩子起到保护作用，还可以在照片中添加互动感。需要注意的是，父母的服装和孩子的服装要搭配好。

拍摄学龄前儿童

几个月大的孩子基本都会坐了，但还不会爬，利于拍摄。此时的孩子对周围一切的事物都感到非常新奇，会显得很亢奋，从而表现出自己独特的个性行为和魅力。

拍摄者可以利用一些有趣的道具或背景做衬托，拍摄完美的创意画面；也可以拉近镜头，拍摄孩子的表情特写。拍摄过程中，孩子会异常兴奋，为了避免孩子疲劳，拍摄一定要速战速决。

当孩子学会走路以后，这会增大拍摄难度。这个阶段的孩子适合采用真实记录的方式，抓拍每个精彩瞬间。为了达到更好的拍摄效果，可以利用孩子喜爱的玩具或零食吸引他们的注意力，抓住他们的目光，与他们互动，然后快速拍摄。

光圈 F2.8
焦距 135mm
曝光时间 1/800s
感光度 200

光圈 F1.8
焦距 85mm
曝光时间 1/500s
感光度 320

拍摄过程中要鼓励孩子，以委婉的方式和他们交流，让拍摄过程充满乐趣，使孩子能在这个过程中愉快地玩耍，这样他们的表现会越来越好，表情更加自然。

拍摄年龄稍大的儿童

拍摄年龄稍大的儿童相对比较容易，因为他们能够领会摄影师的意图，也会自主地表现自己，不需要摄影师再做一些额外的指导。拍摄时，摄影师可以与他们谈论一些感兴趣的话题来调动他们的情绪，或者要求他们活动起来，通过抓拍获得真实、精彩的画面。

年纪稍大的儿童面对镜头有一定的表现欲望，将其置于画面中心，简化背景，可以更好地表现其可爱神态。

5.6.3 室外儿童拍摄

大自然是孩子们释放天性的好去处，要想拍好室外儿童照，先要学会如何选景，然后将孩子与场景很好地结合起来加以表现。下面我们来介绍如何拍好室外儿童照。

室外拍摄时，最好选择天气晴朗，阳光照射强度不高的时间段进行拍摄，如上午 10 点之前，或者下午 3 点以后。

光圈 F1.8
焦距 50mm
曝光时间 1/1500s
感光度 200

运用软质光，不仅可以让孩子的脸部光照充足，还可以显得皮肤更加白皙；在神态动作上，提高快门速度或采用连拍，捕捉孩子张开双臂，自然地大笑，既生动又充满感染力的画面。

室外拍摄儿童的场景很多，如花丛间、海边、雪地，以及公园等。道具应结合想要拍摄的场景来选择，例如，拍摄花丛中的小女孩时，道具可以选择铲子、喷壶或者草帽等，如果能让孩子投入到情景中，就很容易拍摄到孩子最自然的神态表情。

孩子一旦可以自由行走、奔跑，他们好奇的个性在户外就会展露无遗，家长常常得跟在他们身后追着跑，但这时也可以记录到小朋友对万物充满好奇的画面。自然中许多事物都可以让小朋友张大眼睛到处观察，也常常可以拍摄到他们丰富的表情变化，如吃惊的表情、对喜爱物品热爱的眼神等，这都是很有趣的画面。

室外拍摄儿童时，常用的曝光组合为大光圈 + 低感光度，如果是阴天，需要查看快门速度是否在安全快门以上；如果低于安全快门，就需要通过增加感光度来提高快门速度。

光圈 F4
焦距 100mm
曝光时间 1/400s
感光度 200

使用较快的快门速度，不仅可以定格孩子自然的神态，还可以定格飘落的肥皂泡，增加画面的灵动感。

设置测光模式为评价测光（尼康相机为矩阵测光），就可以应用于绝大多数的拍摄场景。如果是逆光拍摄，那么就使用点测光对准孩子的脸部测光。室外拍摄时，孩子大多会处于不断的运动中，因此需要选择连续自动对焦 + 多个对焦点，自动选择对焦区域进行拍摄。当然，如果是安排孩子摆拍，就使用单点单次自动对焦拍摄即可。

拍摄时，摄影师应注意调整取景角度和抓拍时机，避免背景的干扰；运用三分法构图，更有利于突出孩子。

5.6.4 室内儿童拍摄

孩子一天天长大，父母都想抓住孩子们每一个精彩的瞬间，记录孩子的成长经历。室内是儿童活动较多的场所，下面我们来介绍如何拍好室内儿童照。

室内拍摄时，主要的光源为窗户光和室内照明灯。利用窗户光拍摄时，应尽量选择白天光线照射较好的时段拍摄；利用室内照明灯拍摄时，没有时间要求，随时都可以拍摄。

光圈 F2.8
焦距 50mm
曝光时间 1/60s
感光度 200

平拍的视角可以获得更真实的现场感；采用逆光的拍摄角度，来突出画面的光感氛围；同时对儿童的脸部进行补光，这样就可以大胆地使用较大光圈拍摄，而不用太担心景深的问题。

室内拍摄时，由于环境光线相对稳定，因此设置手动曝光模式后就不需要反复测光，这样能让拍摄更加轻松。大多数情况下，我们可以使用大光圈 + 高感光度的曝光组合，来保证足够的安全快门。

室内拍摄时，摄影师应首先考虑让孩子的脸部受光，然后使用点测光，对准孩子的脸部测光。如果孩子处于静止状态，就使用单点单次对焦；如果孩子处于运动状态，就使用连续自动对焦 + 多个焦点自动选择对焦区域的对焦组合。

拍摄场景可以选择儿童房、书桌前、窗户旁或者客厅的沙发等，道具的选择可以是孩子的玩具或者书本等。

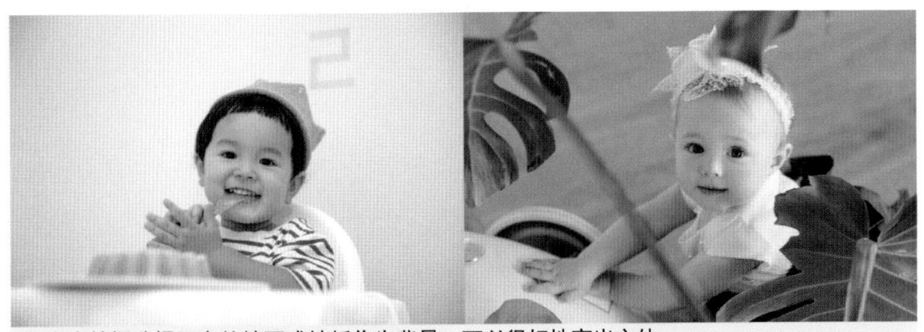

室内拍摄选择干净的墙面或地板作为背景，可以很好地突出主体。

光圈 F2
焦距 35mm
曝光时间 1/200s
感光度 200

如果场景不够理想，那么可以通过缩小取景景别来减小背景的影响。

光圈 F1.8
焦距 50mm
曝光时间 1/30s
感光度 400

利用特定的小道具可以丰富画面效果，增加画面的故事感。

光圈 F2
焦距 50mm
曝光时间 1/160s
感光度 200

和拍摄新生儿的思路略有不同，大一些的孩子会流露出探索和求知的有趣表情，因此我们要经常观察孩子的一举一动，做好抓拍趣味瞬间的准备。

Chapter 06 风光摄影

6.1 掌握风光摄影的 8 个基本要点

一幅优秀的风光摄影作品，是摄影师运用镜头发现和表现自然之美的成果，它可以带给观赏者视觉和心灵上的愉悦。想要在摄影作品中表达思想并体现美感，需要掌握一些通用的风光拍摄技巧。

6.1.1 把握拍摄时间

风光摄影中所说的时间在广义上是指季节性的春、夏、秋、冬。同一地点的风光景物，随着季节气候的变化会呈现出各种不同的姿态。而狭义的时间，是指一天中清晨至黄昏的光线变化，以及云、雨、雪、雾等气候现象的影响。对时间的选择是拍摄风光照片的关键，摄影师要考虑不同时间段的光线可以拍摄的风光效果。

光圈 F7.1
焦距 105mm
曝光时间 1/200s
感光度 200

光圈 F3.5 焦距 55mm 曝光时间 1/160s 感光度 100

一年四季有着不同的色彩效果，可以使拍摄的风光照片带有明显的季节特征。使用广角镜头可以使场景中的景物都清晰地呈现，展现广阔无垠的空间感。

光圈 F5.6
焦距 230mm
曝光时间 1/400s
感光度 200

秋天的风光摄影经常以凸显艳丽色彩为主，营造秋天的气氛。对于色彩感强烈的画面，摄影师可以考虑适当减少一档曝光补偿，从而使画面色彩更加鲜艳。

光圈 F2
焦距 230mm
曝光时间 1/10s
感光度 200

拍摄雪景最好是在雪后的晴天。在阳光下，运用侧光和逆侧光最能表现雪景的明暗层次和透明质感，影调也富有变化。

在风光摄影中，色彩为画面注入了生命和情感，选择和搭配色彩能够更好地表现出照片的主题。有些颜色比其他颜色更加醒目，具有更强的表现力，能够强烈地吸引人的视线。因此利用色彩间的对比关系，会给画面带来具有震撼效果的视觉冲击力。

在晴朗而阳光充足的天气进行拍摄，画面色彩明亮，饱和度高，不同的颜色能够明显地区分。阴天会让色彩变得柔和、混沌，冷暖色之间对比不明显，所有颜色较为协调。薄雾也会让本来色彩艳丽的场景变得单调且朦胧、和谐。因此，选择合适的拍摄时间，对于风景摄影起着决定性的作用。

光圈 F6.3
焦距 26mm
曝光时间 1/50s
感光度 200

使用强烈的色彩对比，可以使画面的视觉效果更加强烈。

光圈 F11 焦距 30mm 曝光时间 30s 感光度 100

太阳升起前或落下后时段的低色温可以使画面带有蓝紫色。此时容易造成曝光不足，但这种色调的画面可以给人清冷、宁静的感觉。

提示：

呈现出时间对色彩的影响是风光摄影的特点，但注重色彩的同时不要忘记色彩和内容的和谐、统一，让画面既有形式美感，又能很好地传达出摄影师想要表达的感情色彩。

光圈 F7.1
焦距 105mm
曝光时间 1/200s
感光度 200

清晨是拍摄雾气的最佳时段。拍摄雾气常使用逆光，在薄雾的映衬下可以使被摄对象从画面中脱颖而出，强烈的明暗反差为照片增色不少。

光圈 F11
焦距 26mm
曝光时间 1/160s
感光度 100

在风光摄影中，午后出现的顶光更适合表现相对平坦的景物。厚厚的云层遮挡了部分的光线，在地面上形成了浓重的阴影，画面整体细节丰富，色彩也相对饱和。

光圈 F10
焦距 15mm
曝光时间 1/500s
感光度 400

黄昏时分，夕阳的余晖形成的侧光可以使被摄对象更具立体感。同时受黄昏时分的色温影响，可以使画面颇具迷人的效果。

6.1.2 强调空间感

风光摄影常常使用广角镜头拍摄辽阔的大场景，表现巨大的空间效果和宏大的气势。当我们身处自然环境中时，登高望远是理想的选择。占据山峦高岗的制高点，居高临下俯拍，具有纵深感、宽广感的大场景都会尽收眼底，一览无余。

光圈 F10
焦距 63mm
曝光时间 1/160s
感光度 500

在拍摄大场景时，摄影师同样也可以使用长焦镜头，压缩前后景物的距离，使构图更加紧凑。

前景和背景的处理可以增强风光摄影作品的表现力，表现画面的透视感、立体感、纵深感，渲染季节特征和画面意境，是渲染气氛和突出主题的一种有效手段。

光圈 F11 焦距 40mm 曝光时间 1/500s 感光度 800

利用前景可以展现景色的季节性，使画面效果生动活泼。而背景可以用来强调主体所处的环境，突出主体形象，丰富主体的内涵。

6.1.3 加入视觉引导线

风光摄影构图注重形式美，特别讲究线条的设计和运用。摄影师不仅仅要考虑线条给观众所带来的心理感受，更重要的是要学会发现和提炼大场景中的线条。不管是大海、森林，还是高山、深谷，我们所看到的自然景观，根据其特点，都可以选出横、竖、曲、斜等线条形式，它们在画面结构中发挥着重要的作用。

光圈 F8 焦距 55mm 曝光时间 1/320s 感光度 100

风景中的线条有明显的实线，也有隐晦的线。这些线条在画面上都能有效地给画面带来节奏感和连接性。因此，在风光摄影中，我们一定要注意运用景物的线条。

风光摄影中常使用“引导线”连接画面中的各个元素，引导观赏者的视线。画面中的“引导线”的一端是视线的起点，而另一端是画面中最吸引人的地方，通过各种形式在两端之间建立联系。

光圈 F5
焦距 11mm
曝光时间 1/800s
感光度 800

“引导线”可以是画面中的小路、河流、桥、公路等任何引导视线的物体。它们本身不仅是画面的一部分，还可以通过优美的线条有效地表现出画面的透视感。

6.1.4 用好焦距展现画面细节

提到风光摄影往往让人联想到广阔的自然景观，包括远处起伏的山丘、蜿蜒的河流、溪谷，以及辽阔的天空。几乎所有的风光摄影师都会用手中的相机把所见的动人风光纳入画面。拍摄大场景要求清晰再现画面的细节，也就是景深要大。

光圈 F14
焦距 24mm
曝光时间 1/800s
感光度 200

在拍摄风光照片时，尽量用小光圈，这样能够获得最大的景深，另外对焦点必须控制在景深范围中间略靠前的位置，这样能够获得从前景到远景都清晰的照片。

光圈 F10
焦距 55mm
曝光时间 1/400s
感光度 200

大景深能够保证被摄主体的前后景物在画面上均可清晰地再现，增加画面的空间纵深感。

事实上在丰富多彩的风光景物之中，只要仔细观察，我们就能发现细微之处也有很多精致的小景物同样可以触动心灵。把它们纳入取景框中，同样可以以小见大拍摄出优秀的风光摄影作品。拍摄这类作品，就要求拍摄者寻找一切可以引起视觉兴趣的闪光点，将不必要的元素排除在画面之外，留住小小的感动。

光圈 F2.8
焦距 35mm
曝光时间 1/800s
感光度 200

使用大光圈拍摄景物细节，可以更好地展现主体，同时还可以交代其所处的人文环境。

6.1.5 慢门让风光照片更具动感

为了让照片看起来更有动感，使用慢门拍摄是非常不错的选择。例如，我们可以借助慢门拍摄出雾化效果的流水及流动的飞云效果等。

光圈 F8
焦距 50mm
曝光时间 10s
感光度 200

侧逆光可以使画面形成强烈的明暗对比，再借助慢门拍摄出流动的飞云效果，使画面更有动感。

6.1.6 展现光与影的魅力

我们所处的世界，眼中看到的一切景物都与光线的照射有关，摄影本身就是光与影的艺术，利用光影的明暗关系突出主体是风光摄影中一项重要的手段。光影赋予画面质感，烘托主题气氛。光线运用得越巧妙，越能表现出独特的风格，越能更好地表现出画面的内涵。

逆光拍摄是一种有一定拍摄难度的摄影手法，它能产生独特的艺术效果。逆光拍摄花卉、树叶，可以表现出晶莹的质感，逆光剪影则可以很好地突出主体轮廓。

光圈 F10
焦距 19mm
曝光时间 1/500s
感光度 400

拍摄风光作品时，有意识地利用逆光来进行创作，可以让照片看起来更加具有艺术美感。

光圈 F11 焦距 26mm 曝光时间 1/160s 感光度 400

侧逆光可以在画面中形成强烈的明暗对比，使画面更具戏剧感。

6.1.7 利用空白建立相互呼应的联系

画面空白是指画面主体与陪体等实体对象之间的空隙部分，虽然没有实体，却是视觉元素中不可缺少的组成部分。在风光摄影中，摄影师常常利用云烟、雾气、水面、天空等空白，创造性地营造画面的虚与实。空白的取舍与呼应是一种引起观赏者模糊思维、引发联想的艺术表现手法。在拍摄这类作品时，摄影师应观察景物的方向性，合理安排画面中的空白距离，使主体相互之间保持呼应关系。

光圈 F6.3
焦距 200mm
曝光时间 1/50s
感光度 320

画面中的空白使画面形成了虚实对比，富有诗情画意。

6.1.8 大胆引入兴趣点

在拍摄大海、雪原、沙漠、草原、山川等广阔的场景时，用远景拍摄，并在画面中加入兴趣点，能够极大地增强画面的感染力。兴趣点本身是风光的组成部分，有了兴趣点的风光照片就有了人文性，这会让画面带有浪漫的气息，使风光作品更具有深远的意味，并富有活力。兴趣点的主要作用是画龙点睛，因此挑选的元素最好具有趣味性和观赏性。

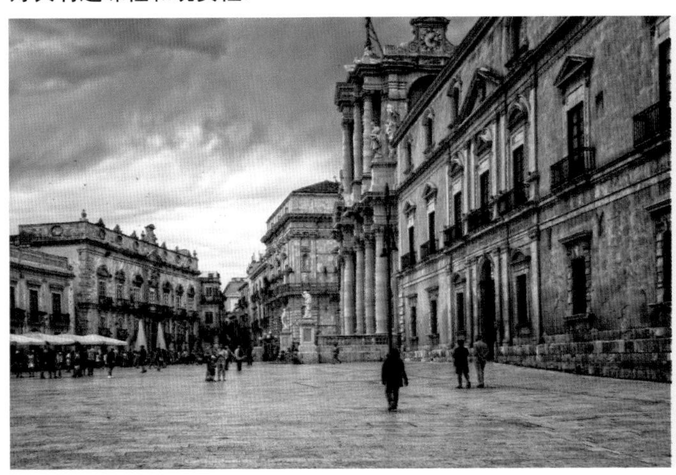

光圈 F8
焦距 24mm
曝光时间 1/320s
感光度 200

画面中的人物即使很小也可以使风光照片多一些人文气息。

提示：

对于单个的画面兴趣点，可以按照构图中讲到的三分法，将其放在三等分线或等分线的交叉点上，而多个兴趣点则不需要太刻意摆放，只要拍摄角度得当，画面就会显得活泼、自然。

6.2 拍摄日出日落

日出日落是广大风光摄影师经常选取的题材之一。这不仅在于红日本身的美，还在于千变万化的光晕色彩，展现出分外瑰丽的景色。日出与夕照的景色变幻莫测，瞬息即逝，风光摄影师在拍摄前一定要做好准备工作。

6.2.1 拍摄时机

拍摄日出和日落的最佳季节是春、秋两季。这两个季节比夏天日出晚、日落早，对拍摄有利。在春秋云层较多时，比较容易遇到“彩霞满天”的情景，可以增强拍摄的效果。

光圈 F3.5
焦距 18mm
曝光时间 1/25s
感光度 200

如果拍摄时觉得画面有些空洞，可以添加适当的前景，既可以丰富画面内容，又能加强画面的空间感。

拍摄旭日东升或夕阳西下画面的黄金时段是太阳出没于地平线前后约 20 分钟。在这个时段里，人眼直接观看太阳不会感到刺眼。日出、日落的光线变化很快，因此摄影师要善于抓住这一短暂的拍摄时机。拍摄日出应该从太阳尚未升起，天空开始出现彩霞的时候就开始拍摄；而拍摄日落则应该从太阳光开始减弱，周边天空或云彩开始出现晚霞时开始拍摄。摄影师需要提前到达拍摄地点，并完成各项观察与准备工作。

光圈 F11
焦距 24mm
曝光时间 1/125s
感光度 200

把太阳安排在画面 1/4 左右的位置，把大面积的空间留给山体，有效地增强了画面的空间感和延伸感。

6.2.2 必备器材

等待日出、日落是一个漫长的过程，而拍摄的时机却极其短暂。通常，摄影师需要准备三脚架、长焦镜头和遮光罩。

使用三脚架能够保持相机的稳定。更重要的是，摄影师提前到达拍摄地点后，可以使用三脚架占据有利地形，预先取景构图，做好充分的准备工作。通过使用长焦镜头，可以压缩空间距离，使太阳显得更大。而在逆光环境下拍摄，画面上容易出现眩光。在镜头前加装遮光罩，以避免镜头直接对准太阳，这是消除眩光的有效方法。

光圈 F8
焦距 55mm
曝光时间 1/2500s
感光度 200

剪影是逆光条件下最常见的拍摄形式。拍摄剪影照片时，表达的重点是艳丽的背景和主体的轮廓。

6.2.3 选择光圈、白平衡

拍摄日出与日落通常采用“光圈优先”拍摄模式。拍摄第一张照片时，尽量不要使用过大或过小的光圈，不妨使用 F5.6~F8 的中等光圈进行拍摄。随着太阳逐渐爬升，天空越来越亮，四周景物逐渐明晰，这时可以把光圈逐渐缩小。拍摄日落时则相反，开始时使用 F16~F32 的小光圈，然后逐渐增大到中等光圈。这样可以保证进光量的同时，获得最佳的画面质感。

数码相机可以方便地设置白平衡。选择日光白平衡时画面偏黄色，选择钨丝灯白平衡时画面偏蓝色。拍摄日出日落时通常选择日光白平衡，因为这种偏黄的色调能够更好地表现朝阳或者夕阳时分的氛围。我们建议使用 RAW 格式进行拍摄，这样能为后期自由改变白平衡保留更大的操作空间，同时避免在白平衡设置和调整的过程中延误拍摄时机。

光圈 F10
焦距 125mm
曝光时间 1/160s
感光度 200

如果想要加重画面的温暖效果，可以通过设置相机的白平衡模式实现，一般选用阴天白平衡拍摄日出日落的场景，这会让画面具有更浓郁的温暖感觉。

6.2.4 测光

拍摄日出、日落时，光线变化快，明暗反差大，拍摄同样的场景时，选择不同的测光点，会呈现不同的效果。拍摄云彩、霞光时，摄影师要注意避免强烈的太阳光干扰测光，无须考虑地面亮度，测光应以天空为主。

光圈 F11 焦距 34mm 曝光时间 1/10s 感光度 200

在很多时候，拍摄日出日落会附带拍摄水面景色。此时，摄影师可以以水面亮度为准进行测光。由于光线经水面折射后损失一档左右的曝光量，因此水面倒影与实景的亮度差异在一档左右。根据试拍效果适当增加曝光补偿，可以得到理想的曝光效果。

光圈 F10 焦距 16mm 曝光时间 1/250s 感光度 200

使用镜头的长焦端，以点测光或中央重点测光模式对天空的中等亮度区域测光。只要这部分曝光合适，色彩还原正常，就可以获得理想的画面效果。测光完成后，锁定曝光值重新构图、拍摄。

一般拍摄日出日落时都难以兼顾地面景物的曝光，针对地面景物测光，天空部分很容易曝光过度。有条件的摄影爱好者可以准备一个中灰渐变镜，它能降低天空近两档的曝光量，将天空亮度压暗，改善画面反差。

光圈 F5.6
焦距 19mm
曝光时间 1/125s
感光度 200

使用中灰渐变镜即使按照平均亮度测光，也能够得到曝光准确、层次丰富的画面效果。

6.2.5 拍摄日出

初升太阳的颜色是“鹅蛋黄”色，非常漂亮，如果等到太阳完全升起，红色的氛围就消失了。使用点测光或者局部测光时，可以针对太阳上方较亮的区域测光，这样能够大大提高曝光的成功率。采用这种方式可以把被日光染红区域压暗，使画面色彩浓郁。

光圈 F8 焦距 34mm 曝光时间 1/10s 感光度 200

拍摄初升的太阳时，可以利用逆光模式拍摄，简化所拍摄风景的色彩，并通过景物的外形和由于离光源远近所产生的明暗层次，营造出画面的空间感和意境。

6.2.6 拍摄彩霞

日出日落时，我们很多时候并不一定只拘泥拍摄太阳，彩云和霞光美丽的影调同样是壮观、让人难以忘却的自然景观。

拍摄时，如果在逆光条件下，地面景物会显得较暗，与云彩反差较大。要使拍摄的日出或日落中的照片拥有更饱和、更完美的色彩，就要进行合理的曝光补偿调整。曝光不足，色彩的饱和度便有所提高，但同时画面的暗部细节会损失较严重。

光圈 F4
焦距 50mm
曝光时间 1/50s
感光度 200

拍摄日出日落时，场景反差大，使用点测光或局部测光，针对太阳附近较亮的云层测光。

光圈 F5.6
焦距 40mm
曝光时间 1/60s
感光度 200

锁定曝光值后，移动相机重新构图。采用该方式可以使画面色彩浓郁。

6.2.7 拍摄日落

夕阳西下时，我们不必只围绕着太阳进行拍摄。周围的一切都会令人沉醉，利用好此时的光线拍摄风景照也是不错的选择。

太阳接近地平线时，主体和背景的反差较大，主体可以压暗表现成“剪影”效果。拍摄剪影照片时，剪影的形态要特别注意。剪影照片有两个要突出表现的点：一是背景的美丽；二是剪影的轮廓。剪影呈现黑色没有任何细节，唯一给人留下深刻印象的是其形状。杂乱的轮廓线不但会给观赏者留下不好的印象，还会破坏画面中夕阳的宁静与祥和。

光圈 F13 焦距 24mm 曝光时间 1/250s 感光度 200

拍摄剪影时，针对背景光线均匀的亮度区域测光，再适当设置负曝光补偿减少曝光量，能够让剪影更加鲜明，背景的层次更加丰富。

光圈 F11
焦距 50mm
曝光时间 1/10s
感光度 200

在这样的光线下，选择侧光拍摄，景物有明显的明暗对比，能够很好地表现拍摄对象的形状、立体感、质感，光影结构鲜明、强烈。

6.3 拍摄山景

以山脉为主体的风光照片大多选择平视或俯视的角度，以展示山脉连绵的空间感和峻秀的轮廓。

6.3.1 表现不同的山势

在拍摄山景时，要注意横、竖构图的结合运用。使用广角镜头拍摄山岭的横幅画面，开阔的视野可以把山势连绵起伏的景色表现得淋漓尽致。拍摄山峰的竖幅画面，会使山岳的透视感戏剧性地增强，从而产生一种高大纵深的感觉，很好地表现出山峰的雄伟。

光圈 F10 焦距 18mm 曝光时间 1/400s 感光度 200

不同的山脉轮廓，赋予画面不同的表现力。拍摄山景时，常使用三角形构图以表现其雄伟、秀丽的特点。

光圈 F13
焦距 22mm
曝光时间 1/320s
感光度 400

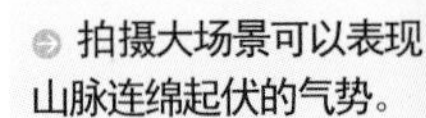

拍摄大场景可以表现山脉连绵起伏的气势。

6.3.2 灵活运用光线

拍摄山景要注意光线的灵活运用。顺光拍摄山景，画面明亮，能够很好地表现树木、天空的色彩，但山的立体感较差；侧光拍摄山景，可以描绘山体的线条，展现山岭的层次，使画面更具立体感，通过色调的明暗对比，画面层次丰富，视觉效果好；逆光拍摄山景，景物大部分处于阴影中，可以通过轮廓光或者强烈的明暗对比，突出山峦层叠的效果。

光圈 F10 焦距 18mm 曝光时间 1/400s 感光度 200

侧光、逆侧光可以使拍摄对象产生明显的阴影，使山体的纹理清晰可见，色彩更加饱和，画面更加立体。

光圈 F13
焦距 24mm
曝光时间 1/300s
感光度 200

在多云天气拍摄，可以使画面色彩更加深厚。

6.3.3 拍摄山石

在拍摄山景时，摄影师可以对一些造型、色彩特异的山石局部进行拍摄，以特写的形式表现山石的奇特和质感。

拍摄山石时，山石与背景的明暗、色彩反差越大，拍摄出来的山石越突出。因此，为了很好地表现质感，通常用前侧光或者侧逆光拍摄，山石的一面处于阳光照射之下，而衬托山石的背景则最好处于远处阴影之下，或者采用明亮的天空，以表现出山石的色泽与质感。

使用逆侧光可以使拍摄对象产生强烈的明暗对比，使山石的纹理清晰可见，体积感更强。

6.3.4 拍摄雾景

山间雾景是常见的自然景观。雾景是强调画面气氛和空气透视的绝佳元素，给人一种神秘飘逸、梦幻朦胧的感觉。

光圈 F16 焦距 70mm 曝光时间 1/3s 感光度 200

逆光拍摄的雾景效果较为突出。薄雾笼罩下的景物能够明显地从色调上区分出前景、中景、远景，给人以纵深感。构图时，我们可以根据不同环境在画面中纳入不同的景物，如山峰、房屋、树木等，营造出云雾环绕的迷人风景，同时也能增强画面的空间感。

光圈 F10
焦距 50mm
曝光时间 1/3s
感光度 200

在自然光照射下，雾景色调较为柔和，层次丰富，明暗光比均衡。

提示：

在拍摄雾景前，摄影师要先仔细观察云雾变化的形态，了解影响云雾出现或变化的各个因素，还要做好对相机镜头的保护工作，只有做好这些前期工作，才更容易拍出美妙的景色。

6.3.5 拍摄山间树木

拍摄山间茂密的树林、高大的树木时，选择不同的拍摄角度，可以表现出树木生机盎然的景象，获得不同的画面效果。

光圈 F8
焦距 150mm
曝光时间 1/800s
感光度 100

利用广角镜头的特性可以使拍摄的树木在画面中产生向中心汇聚的视觉效果，从而增加了画面纵深感。

垂直线可以表现景物挺拔向上的感觉，有助于表现景物的高大形象。垂直线构图方法常用来拍摄森林和树木，画面给人以向上、有力的感觉，画面中有成排的树时感觉会更加强烈。在画面中一条直线代表的是个体，而多条垂直线的存在则体现的是一种气势和状态。采用垂直线构图的方法来拍摄树木时，若是单棵的树木，则需要有与之相对比的物体存在，以体现树木生存的状态和环境；若表现的是树林，则强调的是整体的气势。

光圈 F5.6
焦距 50mm
曝光时间 1/60s
感光度 200

画面中的绿色可以表现出树木旺盛的生长状态，又可使画面显得稳重。

在树林中拍摄时，除了通过改变拍摄角度来表现树木的茂密、高大之外，巧妙利用光线的造型作用，也是突出画面效果的重要手段。

逆光拍摄树林间透射的光线时，尽可能地用小光圈，很容易表现出“光芒四射”的画面效果。需要注意的是，这种环境下明暗反差强烈，正确设置曝光补偿才能很好地表现出树叶色彩。

光圈 F5
焦距 26mm
曝光时间 1/80s
感光度 400

薄雾透过树枝的间隙变成光束，有助于表现清晨时分林间轻雾缭绕的气氛。

6.4 拍摄水景

水是大自然美丽风光的一个重要组成元素，如潺潺流淌的小溪，奔腾豪迈的江河，碧绿宁静的湖泊，波涛澎湃的大海。在隐匿的深山幽谷，在辽阔的平原大地，水景都可以给拍摄的照片增添不少生机与色彩，构成优美的画面。

光圈 F10
焦距 40mm
曝光时间 1/125s
感光度 200

深景深可以让近处和远处的景物都清晰呈现在画面中，非常适合拍摄广阔的大场景，使照片具有丰富的表现力，带给观赏者一览无余的畅快感。

6.4.1 快门速度决定动感

在拍摄水流时，运用特殊的摄影技巧可以使画面表现出人眼在自然条件下不可获得的艺术效果。表现水流的动感常常使用快门优先模式，快门速度的提高或降低所表现出的效果是完全不同的。高速快门可以凝固飞溅的水珠，获得喷珠溅玉般的效果。用慢速快门拍摄潺潺的小溪，则可以表现出流水虚幻、飘渺的效果，似轻纱缭绕，似云雾漂浮。

光圈 F11
焦距 24mm
曝光时间 1/2s
感光度 200

低速快门常用来表现水流的延绵，如丝般的质感。

6.4.2 水景常用构图

拍摄水景时，构图非常重要，不同的时间、气候以及不同类型的水面都有它们独特的构图方法。拍摄平静水面时，常常运用倒影的镜像效果。

宽阔平静的水面可以映衬出天空的颜色，以及白云、山峦、树木等影像。对称构图的画面给人以均衡、丰满、和谐等视觉感受。

提示：

当拍摄环境没有风时，水面通常都是平静的，倒影清晰；而当有风时，水面被吹出层层涟漪，倒影就会显得模糊不清。有时模糊的倒影可以营造出不一样的对比效果。

光圈 F8 焦距 18mm 曝光时间 1/400s 感光度 200

拍摄溪流、江河时，注重线条美是常用的构图方法。长长的河流形成一条优美的曲线，沿着视线的方向延伸，使画面富有动感。同时，利用左右两侧的光影与水面形成鲜明的对比，营造出画面的立体感。

在清晨和傍晚拍摄水景时，摄影师常常运用水面与周围环境强烈的明暗和色彩对比来突出水景。平日里湛蓝的水面在阳光的映射下呈现出暖色调，天空中云霞的色彩被反射到水中，瑰丽的色彩令人陶醉。

光圈 F5.6
焦距 30mm
曝光时间 1/2s
感光度 200

在光线的选取上，一般以低光位的顺光为佳，其次是低光位的逆光和漫射光，低光位的顺光和侧光能将所要拍摄景物的色彩和层次表现得更好。

在拍摄水景时注意画面的虚实处理，恰到好处的虚实运用可以相互补充、相互衬托，使画面妙趣横生。拍摄时，利用散落在水中的精致小景，如青苔、树叶、岩石等，增加画面的自然野趣，雅致中透出浪漫。

光圈 F5.6
焦距 50mm
曝光时间 10s
感光度 200

将溪流中的碎石拍入画面，不仅为画面增加了生机，还加强了画面的层次感和趣味性。

6.4.3 拍摄溪流瀑布

溪流瀑布是风光摄影师喜爱的题材，是自然界中最富有诗意的水景。拍摄溪流瀑布，要因地制宜，选择拍摄位置。开阔的位置可以使用中焦、广角镜头拍摄全景；复杂的地形也可以使用长焦镜头选取局部特写。在画幅的选择上，要表现周围景物的层次，多采用横构图；而表现落差较大的瀑布，则多采用竖构图进行拍摄。

各地的瀑布在高度、宽度、水流的疏密程度等方面都有所不同，呈现出的气势和效果也就不一样，但不管怎样，抓住瀑布的特点，就足以让画面具有表现力，而角度的选择就是突出其特点的重要方式。

拍摄溪流、瀑布时灵活地选择取景角度，可以拍摄出不同效果的照片。平视角接近日常欣赏的高度，能使人产生身临其境的亲切感受。低角度仰拍时，溪流和瀑布在透视上的变化大，有利于表现景物的层次；俯拍则可以摄取更多的周边景致，表现出溪流的平面状态。

光圈 F10 焦距 26mm 曝光时间 30s 感光度 50

采用斜线构图，使观赏者的视线随着曲折的河流向远处延伸，使画面的纵深感、层次感和距离感得到加强。

拍摄溪流和瀑布经常使用 1/2s 至数秒的快门速度展现出柔美的画面。以慢速快门拍摄水景应尽量选择清晨、傍晚或者阴天。如果在晴天烈日下拍摄，由于光线过强，即使将 ISO 值调到最低并选用最小光圈，长时间曝光也容易出现曝光过度的问题，使水流变成白茫茫一片，层次尽失。

光圈 F10
焦距 55mm
曝光时间 50s
感光度 200

采用较长的曝光时间能够记录水流的轨迹，拍摄出虚无缥缈、如梦如幻的流水效果，别有一番情趣。快门速度越慢，水流的流动感越强烈。

6.4.4 拍摄湖泊

湖泊是风光摄影师必拍的主题。水天一色的场景是一个重要的表现主题，静静的湖面像镜子一样清澈透明，水面映衬着蓝天，周围的景物投下倒影，美景尽收眼底，令人心旷神怡。

光圈 F10
焦距 50mm
曝光时间 60s
感光度 200

摄影师取景时，要注意纳入岸边的远景和近景，丰富画面元素，更好地表现自然风光。

拍摄湖面景色时，摄影师可以着重拍摄水中的倒影。采用低角度贴近水面拍摄，将不必要的元素都裁减掉，使水中斑驳的倒影成为主体，通过倒影的镜像作用上下呼应，强化色彩，营造出独特的意境，为画面平添几分情趣。

提示：

拍摄水面时，水面的反光会影响画面的表现效果，这时最直接有效的办法就是使用偏振镜，它能很好地消除反光，让水面变得更加通透、清澈。

6.5 拍摄雪景

冬季的雪后别有一番难得的景致，银装素裹的世界成为许多摄影师的最爱。拍摄雪景很容易得到高调的照片，画面以白色或浅色的亮调为主。

6.5.1 选择拍摄时间突出质感

雪景虽然是大范围的白色，但是在特殊光线的作用下，呈现在摄影画面上的雪景会出现不同的色彩变化。早晚的光线会使雪景披上一层霞光，雪白的景色变成了暖色调，而由于光线色温的存在，在背阴面的雪景则会出现蓝色调，在画面上形成一种对比色。在拍摄雪景时，增加曝光会还原雪的颜色，而减少曝光则会使雪景变暗，利用光线有意识地改变色彩可以起到改变人们视觉习惯的效果。

光圈 F11
焦距 70mm
曝光时间 1/30s
感光度 200

利用色温的变化，使拍摄的雪景画面略带暖色调，给人一种温馨的视觉感受。

6.5.2 正确测光、曝光

拍摄雪景时要注意的问题是画面的曝光问题。由于相机测得的物体的反光率为 18% 的中性灰，因此在拍摄白雪的场景时，要在测光的基础上增加 1~2 档的曝光量来还原雪景中的白色。与此同时，由于白雪的反光率较高，物体本身或多或少都会受到影响，在以拍主体为曝光基础的前提下，也要兼顾背景的色彩还原。如果主体与背景的亮度差别较大，则需要对被摄主体进行补光，以减小主体和背景之间的反差，获得合适的光比。

提示：

一味提高曝光补偿值，可能使雪景画面曝光过度，失去画面层次感。因此摄影师拍摄时要在一定范围内根据实际的拍摄环境调节曝光补偿，正式拍摄前先进行试拍，然后回看照片效果，再根据不同的效果判定增加曝光补偿的合适值。

光圈 F7.1 焦距 70mm 曝光时间 1/40s 感光度 200

在光线较为柔和的情况下，白雪的光线反射不强，与景物之间反差相对较小，有利于表现白雪与景物的平衡。

数码相机设置白平衡就是为了正确还原被摄景物的色彩，来表现景物的真实。然而，在某些特殊情况下，我们又需要借助白平衡来改变画面的色彩，使之符合我们的拍摄意图，使拍摄画面具有一种艺术的美感。

光圈 F12
焦距 100mm
曝光时间 1/50s
感光度 200

利用白平衡为画面添加蓝色调，使雪景给人以寒冷、洁白的感觉。

6.6 拍摄建筑

建筑的风格体现了其自身独有的特征和气质，如江南水乡的徽派建筑，城市里高耸的摩天大楼。不管是哪一种建筑，摄影师所需要考虑的是在什么位置拍摄时，光线能够诠释其特征。

6.6.1 选择拍摄角度

拍摄角度对于拍摄对象的表现力具有非常重要的影响，它往往决定着摄影作品的成败，建筑摄影尤其如此。一个独特的角度会引起人们的新鲜感，吸引人们的注意。

正面视角构图时采用平视的方法进行拍摄，适合拍摄大场景与四平八稳的主体。所拍摄的照片画面较平稳，不易产生透视变形，但对视觉的冲击力不大。

光圈 F11
焦距 80mm
曝光时间 1/10s
感光度 400

采取正面视角进行拍摄，可以更好地利用主体本身的色彩、造型或运用景深的控制来打破画面的单调感。

除了在正面平行角度拍摄外，建筑物都会存在不同程度的变形，这也为我们拍摄建筑物提供了更为广阔的发挥空间。

俯视角指相机的位置比被摄体高，有种居高临下的感觉，可以表现景物的高低落差、距离感，这种视角拍摄常用于拍摄大场景，可以展示更多的画面内容，避开前景的遮挡，将更完整、更全面的景色拍摄下来。

光圈 F8
焦距 16mm
曝光时间 5s
感光度 400

摄影师要拍摄一幅城市的全景图，就需要找一个绝对制高点，如城市中的高楼，或周边的山，或进行航拍。

提示：

俯瞰城市建筑群最好使用广角到标准镜头焦段，在使用广角镜头时，焦距不要过小，否则会导致照片四周严重失真。摄影师拍摄时要学会取舍，把构图和照片主题摆在第一位，使用小光圈来确保全景建筑的清晰。

除了俯拍全景，摄影师还可以采用仰视角拍摄建筑，利用透视原理中线条的汇聚来表现建筑物的高大。仰拍时，控制好相机和建筑物之间的距离，由此来控制仰拍所造成的建筑物的变形。使用仰视角拍摄建筑常会给人以新鲜、奇特的感受，同时能表现特殊的场景空间效果和被摄对象的体积感。在仰拍建筑时，最好找一个与之相关的物体作为陪体，既可以产生画面上的关联，又可以通过对比来体现建筑物的高大外观。

光圈 F7.1
焦距 10mm
曝光时间 1/400s
感光度 200

采用仰视角拍摄，会使被摄物体看起来更为高大、重要，且具有戏剧性张力，也可以让观赏者感到自己是由下往上看，有身临其境的效果。

光圈 F7.1 焦距 10mm 曝光时间 1/400s 感光度 200

拍摄地标性建筑，要兼顾画面的构图、测光、对焦等要素，这难免会出现偏差，这时可以通过后期的调整和裁切进行弥补。

提示：

要想充分表现建筑的时代感，就需要我们去发现建筑的艺术性，了解建筑独特的美，使拍出的建筑形象更具有文化和艺术价值，让建筑的象征性和美感更突出。

6.6.2 利用环境烘托主体

由于建筑物具有不可移动性，选好拍摄位置对取景构图尤为重要。拍摄位置应有利于表现建筑物的轮廓、层次和环境。轮廓是建筑物的主体，层次是表现空间的变化和深度，而环境则不仅仅是为了衬托建筑物，创造一种气氛，其本身就是建筑物一个不可缺少的组成部分。巧妙地利用建筑物周围的景物作为陪衬，不仅对建筑物本身起到烘托作用，还会营造出更美妙的艺术气氛。

光圈 F5
焦距 11mm
曝光时间 1/800s
感光度 200

以天空为背景不仅可以摒弃杂乱的拍摄环境，还可以凸显建筑物的雄伟。

6.6.3 利用光影关系

在拍摄建筑物时，有效地利用光影关系可以展现建筑物的立体感，而特殊的光线则会形成特殊的光影效果。光线具有独特的造型功能，不管是拍摄建筑物的整体还是局部，光线会使我们平时所见的建筑物产生明显的明暗变化，再加上独特的拍摄视角，建筑物会产生更多形式上的变化。

提示：

拍摄夜景时，最常运用的测光模式是点测光，因为夜景的光线反差大，很容易使拍摄出来的照片曝光不足或曝光过度。

光圈 F13 焦距 16mm 曝光时间 10s 感光度 200

人造光源可以改变景物原有的效果，古建筑上的霓虹灯，改变了建筑稳重、质朴的感觉，反映出另一番热闹繁华的景象。

6.7 夜景和弱光摄影

每当夜幕降临，华灯璀璨、霓虹闪烁，万家灯火装点着城市夜色，富有魅力的夜景总会使摄影师们流连忘返。拍摄夜景最好是在天快黑但还没有完全黑的时候，一般落日后的 15~30 分钟是拍摄的最佳时段。此时天空还有余晖，它在天空中逐渐展开，呈现出橘红色的暖调；然后，随着时间的推移变为蓝色的冷调。在这样的时段进行拍摄，景物轮廓依稀可辨，五彩缤纷的灯光效果也非常突出，可以为夜景添加美妙的气氛。等天完全黑下来，天空和建筑的轮廓就失去了质感。

光圈 F8
焦距 80mm
曝光时间 1/2s
感光度 100

在画面中，利用光线可以引导观赏者的视线集中到主体对象上。将白平衡设置为钨丝灯模式，可以使天空呈现出迷人的蓝色影调，并利用建筑物的光线造成的画面冷暖对比，加强画面的视觉效果。

光圈 F8 焦距 40mm 曝光时间 20s 感光度 200

拍摄弱光环境需要适当欠曝光，一方面能够避免光源曝光过度，缺乏细节；另一方面，可以借助它掩盖许多杂乱的景物，在突出主体时，更好地表现氛围。

在弱光、夜景环境下拍摄时，为了使景深范围大，通常都根据现场的光线条件，选择 f/8~f/22 的小光圈。当选择 f/11、f/16 甚至 f/22 这样的小光圈拍摄时，画面上路灯这类的点光源会呈现出漂亮的星芒效果，使人感觉仿佛置身于梦幻世界。

光圈 F16 焦距 17mm 曝光时间 30s 感光度 200

配合小光圈拍摄，绚丽的色调可以展现拍摄场景不可多见的另一面。

光圈 F13 焦距 18mm 曝光时间 20s 感光度 200

夜景拍摄不宜选择过高的感光度，因为过高的感光度会产生噪点，一般以 ISO100~ISO400 为宜；而且拍摄时不宜使用闪光灯，避免破坏现场气氛。

6.7.1 拍摄城市夜景

拍摄城市夜景的最佳时机是太阳落山、灯光刚刚亮起，天空中还泛着蓝光的时间段。这一时间段的明暗光比小，曝光难度低。另外，暖色的灯光与冷色的天空可以形成冷暖对比效果，使画面更有视觉美感。

光圈 F11 焦距 10mm 曝光时间 0.6s 感光度 100

拍摄城市夜景时，尽量选择高楼、山顶等视野开阔、可以一览全貌的位置进行拍摄。设置曝光模式为快门优先或手动模式。设置测光模式为点测光，对准较亮的位置测光，并锁定曝光。对焦时使用单点单次自动对焦，半按快门，对准画面中的亮光区域对焦；然后保持半按快门，重新移动相机进行构图；按下快门，完成拍摄。

拍摄城市夜景的构图方法有很多种，如借助倒影拍摄上下对称效果，借助山体、海岸线、公路等线条与垂直的高楼大厦形成对比。

光圈 F5.6 焦距 52mm 曝光时间 10s 感光度 100

拍摄夜景时，很多数码相机会出现自动对焦困难、焦点不准，甚至无法工作的情况，这时我们可以切换到手动对焦，利用液晶屏来查看对焦的效果；或选择场景中与被摄主体距离相近、反差相对较高的物体作为对焦点。

光圈 F13 焦距 42mm 曝光时间 5s 感光度 200

拍摄城市夜景时，纵横城市间的公路、桥梁是构图取景时不可忽略的重要元素。利用它们可以延伸画面的空间感，有效增加画面的动感效果。

6.7.2 拍摄动感光轨

拍摄夜景不可错过慢速快门下拍摄的车流。夜幕下的车流划出一道道光轨汇集在一起，构成一道美轮美奂的风景线。拍摄车流对地点的选择非常重要。位置越高，视野越开阔，拍摄的效果也越好。因此，在城市中，摄影师可以选择在过街天桥或者高楼上进行拍摄；在户外时，可以选择在山坡或其他制高点上进行拍摄。

光圈 F2.8
焦距 4mm
曝光时间 1.6s
感光度 200

选择从高处俯瞰，或置身于街道旁近距离拍摄都是非常不错的选择。为了获得连贯、美观的灯轨效果，需要选择在车流密集的路口拍摄。

光圈 F13 焦距 4mm 曝光时间 1.6s 感光度 400

要获得美丽的光轨画面往往需要几秒甚至几十秒的曝光时间，拍摄前做好充分的准备很重要，如提前在选择的拍摄地点架好三脚架，调整好相机，留下足够的时间考虑构图的美感，如何避开杂乱的光线等，拍摄时最好配合快门线，如果没有，可以用相机的延迟拍摄模式代替，防止拍摄中相机的抖动造成画面模糊，以得到清晰的画面。

光圈 F16
焦距 24mm
曝光时间 30s
感光度 125

光圈 F8
焦距 80mm
曝光时间 1/2s
感光度 100

根据车的行进速度、距离、车的位置及表现效果设置快门速度。在夜幕降临时直接使用1/10s~30s的快门速度，将相机稳定在三脚架上进行拍摄，由于快门速度慢，而车流快，照片中的车流自然就变成了梦幻般的光轨。

提示：

如果快门速度不够慢（曝光时间短），就会导致拍摄到的灯轨效果不够连贯，缺少视觉冲击力。如何延长曝光时间使灯轨看起来更加连贯呢？查看曝光参数，如当前使用的光圈大小为F8，我们知道缩小光圈可以延长快门速度。因此我们将光圈大小从F8缩小至F22（缩小3档），那么为了保持当前的曝光效果，快门速度会相应地慢3档，从2s增加到16s，这样我们就可以拍到完整、连贯的灯轨效果。

6.8 拍摄全景照片

全景照片往往给人大气恢宏的视觉感受，想要拍好全景照片，并非只是简单地使用广角镜头进行拍摄就可以实现的，特别是拍摄城市建筑时，使用广角镜头很容易出现镜头畸变的问题，这时候我们就可以使用全景拼接来进行拍摄。

拍摄全景照片需要把握以下几点拍摄技法。

(1) 尽量使用 50mm 左右的标准镜头进行拍摄，这样可以最大限度地减少照片畸变。

(2) 使用三脚架进行拍摄，调整好云台，保证相机可以保持水平地左右旋转。

(3) 每张照片的曝光参数保持一致，即曝光三要素的光圈、快门速度和感光度不能改变，因此在拍摄时最好将相机设置为手动模式 M 档。

(4) 使用自动对焦模式，半按快门完成对焦后，将对焦模式切换为手动对焦，这样可以保证每一张照片的景深范围都是一致的。

(5) 拍摄全景照片时，需要相邻照片之间有重叠区域，才能保证较好的拼接效果。另外，重叠区域应避免分割画面中较为重要的元素。

(6) 选择竖幅拍摄，可以获得更大的像素尺寸。

Chapter 07 生态摄影

7.1 植物主题摄影

植物是生态摄影师喜爱的拍摄对象。不同的季节，摄影师可以拍摄到不同的对象。拍摄优秀作品的关键在于是否能够成功运用光线、镜头、构图来表现它们的特性。

7.1.1 选择拍摄时间和光线

四季不同的气候和一天中不同时段的光线条件对植物的拍摄起着决定性的作用。选择在什么气候条件、什么时间段进行拍摄至关重要。

天气的影响

在晴天拍摄，充足的光线使得花朵明暗清晰；在有薄云的天气拍摄，光线较为柔和，明暗反差相对较小，花朵显得温柔而又多情；在阴雨天拍摄，色彩饱和度高，花朵清新透亮；在雨后拍摄，在水珠的装扮下，花叶清新诱人更具有韵味。

光圈 F6.3
焦距 229mm
曝光时间 1/320s
感光度 100

在强烈的阳光照射下，被摄主体的受光面与背光面反差小，显得格外透亮。

光圈 F5.6
焦距 55mm
曝光时间 1/1500s
感光度 160

雨后利用散射光进行拍摄，不受光源的方向性局限，受光均匀，影调柔和，反差较小。

光圈 F4.8
焦距 220mm
曝光时间 1/640s
感光度 160

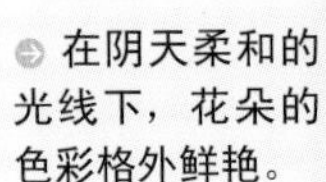

在阴天柔和的光线下，花朵的色彩格外鲜艳。

时间的影响

早晨，光线柔和、色调明朗，植物的受光面与背光面反差小，显得格外朝气蓬勃、富有生命力；上午日出之后，气温开始上升，光线逐渐变强，植物的形态接近人们日常所见；中午，色温、光照强度与气温都是一天的最高值，植物可能因强烈的光线照射开始萎缩，因此中午不是理想的拍摄时段；而傍晚时分，太阳西沉，此时光线使植物色彩更加浓郁、深厚，显得格外富有诗意。

光圈 F1.8 焦距 85mm 曝光时间 1/500s 感光度 200

清晨的散射光光线均匀，拍摄的画面影调柔和、色彩娇艳。

光圈 F2.8
焦距 200mm
曝光时间 1/250s
感光度 200

傍晚时分的侧逆光可以突显拍摄对象的独有质感、纹理。

光圈 F4
焦距 138mm
曝光时间 1/320s
感光度 200

太阳光线减弱后，在光线不足的情况下可以适当减弱曝光补偿。

提示：

在测光方式的选择上，我们需要根据不同的光线条件灵活地选择测光方式，如在逆光下可以用局部测光或点测光，对准植物的高光处测光；而在拍摄大场景时，则可以利用多分区测光方式对整个拍摄区域测光。

表现质感的常用光线

比较适合拍摄植物的光线包括散射光、逆光和侧逆光。太阳升起前和太阳刚刚落下的时段，光线柔和、明朗，植物的受光面和背光面反差小，可以真实还原拍摄主体的色彩，使画面显得朝气蓬勃、富有生命力。下午 4 点以后，斜射的光线可以使拍摄主体的色彩更加浓郁、深厚，显得富有意境。这两种光线都很适合拍摄植物。

(1) 散射光

散射光具有柔和的特点。在这种光线环境中拍摄较为灵活，花朵受光面均匀、影调柔和、反差适中。如在清晨拍摄花朵，由于光线均匀照射，花朵色彩娇艳并且成像清晰。

光圈 F2.8
焦距 80mm
曝光时间 1/400s
感光度 200

选择光线柔和的多云、阴天或雨天进行拍摄，柔和的光线会使花朵显得更加娇柔。拍摄对象表面受光充足、均匀，不会在正面产生阴影，可以得到清晰的细节和饱和的色彩。

光圈 F8
焦距 105mm
曝光时间 1/20s
感光度 200

雨后，在柔和的散射光下，花卉色彩非常饱和，花朵清新透亮，在水珠的装点下花朵更具韵味。拍摄时，利用大反差的明暗对比来压暗背景，让主体花朵正常曝光，从而突出主体。

提示：

在拍摄时，在画面中纳入蜜蜂、蝴蝶之类的小虫子，可以增加画面的趣味性；在拍摄前向植物喷洒少量水，既能冲洗掉植物上的灰尘，又能使植物看上去更加清新。

(2) 逆光和侧逆光

运用逆光和侧逆光，便于清晰地勾勒出拍摄对象的轮廓线。逆光中的光线还可以透过拍摄对象，使其呈现透明或半透明状态，能更细腻地表现出植物的质感、层次和纹理。要注意的是，此时拍摄应进行适当的补光处理。

光圈 F2.8
焦距 200mm
曝光时间 1/250s
感光度 200

运用逆光和侧逆光进行拍摄，可以使画面的明暗对比更加强烈，主体更加突出。

光圈 F5.6
焦距 80mm
曝光时间 1/250s
感光度 160

采用透射的逆光拍摄时，被摄主体会呈现透明或半透明状态，其质感、层次和纹理被更细腻地表现出来。

光圈 F3.5
焦距 100mm
曝光时间 1/20s
感光度 640

摄影师平时在拍摄花卉时，可以随身携带小喷壶对花卉喷水，这样花瓣上就有了人造水珠。水珠在逆光、侧逆光的照射下晶莹剔透。有了水珠的衬托，花朵更显娇美。

7.1.2 利用拍摄背景

植物摄影中，背景的选择和景深的控制起着美化画面和衬托主体的作用。我们可以因地制宜地选择拍摄背景，利用所处环境和当时现有的光照比营造高低调影像效果。当自然光线不足时，利用黑或深色、白或浅色的背景纸、布、KT 板作为人造背景，可以表现低调或高调的画面效果。

选择简洁背景

拍摄植物最为重要的是通过观察，选择富有生机和表现力的主体，将它突出在画面中。选择简洁的背景是最有效的途径。简洁的背景在画面中占有面积越大，构图越简练。

光圈 F9
焦距 90mm
曝光时间 1/1000s
感光度 200

在艳阳高照的室外进行花卉拍摄时，偏振镜可以有效提高色彩的饱和度。这主要是因为偏振镜可以吸收大气中雾气或灰尘反射出的各种方向的杂光，从而使天更蓝，花更艳，色彩更加纯净。

光圈 F5.6
焦距 80mm
曝光时间 1/680s
感光度 160

拍摄植物时选择对比色作为背景，这样拍摄出来的主体会非常突出，给人很强的视觉冲击力。选择协调色作为背景，这样拍摄出来的照片，给人一种平静、和谐、安详的视觉感受。

使用纯色背景

简化背景的另一种方式是压暗背景，或提亮背景，或使用人工纯色背景。这样能够避开杂乱环境的影响，有效地吸引观众的注意力。

花朵在强烈的阳光照射下，背景在阴影之中。在这样的环境中，对前景最亮的部分进行点测光，并适当进行负曝光补偿，就可以拍出暗调背景效果。而在反差强烈的环境中以天空为背景，针对花朵相对较暗的区域进行点测光，并适当设置正曝光补偿，天空很容易被曝光过度成为一片白色。

光圈 F3.5
焦距 72mm
曝光时间 1/160s
感光度 200

针对花朵主体的亮部进行测光。利用点测光对主体进行测光，可以使花朵得到正确的曝光，使画面背景呈现暗色调，从色彩上突出了主体。

光圈 F3.2
焦距 90mm
曝光时间 1/250s
感光度 320

多云的天气，天空呈灰白色，在逆光环境中对花朵偏暗的区域测光，并以较大的光圈进行拍摄。这样的测光方式会使天空曝光过度而变白。主体与背景的受光相差不多，拍摄出反差小的照片，给人明快、纯净、高调的感觉。

拍摄植物时也可以使用黑色、白色或其他纯色的背景布，用来遮挡背景，突出花卉。利用不同颜色的纯色背景，可以表现不同的画面氛围效果。

利用景深控制

虚化背景是植物摄影常用的拍摄技巧。这种方法可以突出主体，美化画面。在拍摄时，摄影师可以使用大光圈、长焦距、靠近拍摄的方法，完全虚化杂乱的背景。如果背景的色彩、形态与主体非常协调，适当控制景深、利用虚化的背景也可以烘托气氛。

光圈 F4
焦距 58mm
曝光时间 1/250s
感光度 400

要想让拍摄对象不受杂乱背景的干扰，使背景虚化是最好的拍摄方式。浅景深可以清晰地衬托出主体。如果使用的镜头光圈不够大，摄影师还可以通过长焦拍摄实现浅景深效果来虚化背景。

光圈 F2.8 焦距 100mm 曝光时间 1/125s 感光度 200

拍摄对象和纯色背景之间应保持一段距离，否则拍摄时，人工背景也会清晰成像。

拍摄植物时，充分利用主体与周围环境在色彩、大小、形状、虚实等方面的对比，使它看起来与周围的环境有明显的区别，使照片富有更加浪漫的意境。主体与周围环境互相衬托，可以起到突出主体、营造氛围的效果。

7.1.3 选择合适的镜头

大多数镜头都可以用来拍摄植物。各个焦段的镜头有着不同的画面表现效果，摄影师要根据实际情况来选用镜头。拍摄大场景可遵循“远景取势”来处理，因为大场景难以体现细节，进行拍摄时以色块安排为主，表现大环境之美；中景适合表现线条和整体的层次感；近景宜表现植物的细节。

表现形态

植物的主体通常较小，使用长焦镜头拍摄是一种常用的方法，特别是对于一些无法靠近而需要拍摄的对象而言。而且，长焦镜头具有压缩空间、虚化背景的特征，可以通过景深控制让主体更加突出。

光圈 F9
焦距 85mm
曝光时间 1/640s
感光度 320

采用近乎平视角的方式拍摄对象，展现了对象特有的姿态。重复的主体形象，给画面增加疏密变化的韵律感。

光圈 F3.5
焦距 64mm
曝光时间 1/60s
感光度 200

将拍摄对象安排在画面的中心，可以集中观赏者的视线，加深观赏者的印象。细枝上排列的小花相同又各有不同，使画面增添了一份活泼感。

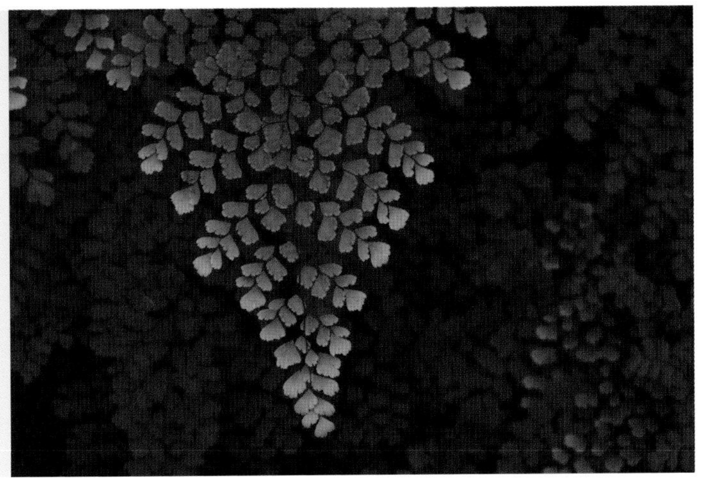

光圈 F6.7
焦距 48mm
曝光时间 1/125s
感光度 400

使用俯视角拍摄层叠的枝叶，在画面中展现其三角形的主体形态。同时，点测光的利用，使画面背景呈现暗色调，不仅从色彩上突出局部主体，而且使作品更显深邃。

提示：

此外，使用三脚架和快门线能增加相机的稳定性，使拍摄的画面具有较高的清晰度。避免在风力较大的天气拍摄，以防植物摇摆不定，影响画面效果。

拍摄特写

特写往往能拍出惊艳的画面，诠释生命内在的含义。微距镜头都是定焦镜头，具有优秀的成像画质，特别适合拍摄植物特写，表现细节形态。

光圈 F10
焦距 90mm
曝光时间 1/10s
感光度 400

微距镜头是拍摄特写的利器，其近距离拍摄具有变形小、色彩还原好等特征。使用微距镜头时，认真观察焦点的位置，可以避免照片出现脱焦的状况。

光圈 F3.5
焦距 100mm
曝光时间 1/200s
感光度 200

使用微距镜头拍摄植物特写时，使用三脚架可以避免快门速度过慢而导致图像模糊。

光圈 F13
焦距 90mm
曝光时间 1/200s
感光度 200

拍摄特写常把花蕊作为画面焦点，使它成为画面的趣味点。通过画面，使观赏者感受到花卉的绚丽和神奇。

拍摄全景

广角镜头视野宽广，可以获得较大的清晰范围，常常用于拍摄野外大面积的植物，表现大场景的线条、色彩，增强画面的感染力。

拍摄大面积植物时，摄影师可以变换拍摄位置，仔细观察，寻找自然起伏、流畅优美的线条与和谐的色彩搭配。这样的线条可以使画面富有韵律感和节奏感，容易引起观赏者的兴趣。

拍摄全景时，重复是吸引目光的一种重要方式。同时，寻找优美的线条与和谐的色彩搭配也是要特别注意的事项。

光圈 F9
焦距 95mm
曝光时间 1/320s
感光度 320

表现大面积的花海，选择小景深可以获得足够大的景深范围，使照片从前到后都清晰，从而呈现每朵花的姿态细节。花朵本身的重复已经表现出了画面的重点，给观赏者带来极大的视觉冲击。

7.2 动物主题摄影

拍摄动物生态主题需要摄影师有足够的耐心等待时机和娴熟的技巧捕捉画面。在拍摄时，摄影师可以根据不同拍摄对象的个性特征、不同的场景，以及不同的时机，选择适合的构图方式进行拍摄。

7.2.1 动物主题摄影的 4 个要点

很多人都喜欢拍摄动物，动物园是最佳的拍摄场所。在动物园里，不仅动物种类丰富，还提供了模拟自然的生态环境，使人们能够轻松地拍摄各种动物。要成功地拍摄动物，需要一定的耐心和抓拍的决断力，以及一些拍摄技巧。

突出鲜明特征

要想成功拍摄动物，最有效的方法是抓住它们最为鲜明的特征，敏捷地捕捉生动自然的瞬间。在进行拍摄之前应仔细观察拍摄对象，抓住动物最具特征的部位，以特写画面加以突出、放大，使画面更加具有吸引力。

光圈 F20
焦距 300mm
曝光时间 1/320s
感光度 200

抓住蝴蝶展翅的瞬间，紧凑构图，使画面更具有吸引力。

光圈 F2.8
焦距 50mm
曝光时间 1/640s
感光度 320

抓住拍摄对象所特有的纹理、色彩，可以更好地表现对象。

减少视线的干扰

在拍摄动物时，杂乱的环境会分散观赏者的注意力，影响画面的表现力。拍摄时，选择大光圈和长焦镜头，并设置 F2.8 或 F4 的大光圈，尽量贴近笼子进行拍摄。大光圈和长焦镜头都可以起到虚化前景的铁笼和背景的杂物的作用，同时在光线不足的环境中可以保证快门速度，充分捕捉动物的表情。

光圈 F2.8
焦距 50mm
曝光时间 1/250s
感光度 320

使用长焦镜头将杂乱环境进行虚化，使主体形象更加突出，更好地展现其神态。

光圈 F2
焦距 50mm
曝光时间 1/800s
感光度 160

使用大光圈，配合长焦距，很好地虚化了前景，让动物清晰呈现在画面中。

在水族馆中拍摄时会遇到玻璃反光的干扰，要解决这个问题，通常的方法是不使用UV镜，将镜头紧贴在玻璃上，同时使用帽子、手掌进行遮挡，避免光线直接照射到玻璃上。在环境光线非常充足的条件下，使用偏光镜可以消除反光。需要注意的是，偏光镜会减少进光量，导致快门速度降低，对拍摄动物带来不利的影响。因此，在光线不够理想的环境中拍摄时，摄影师要尽量避免使用偏光镜。

光圈 F2.8 焦距 8mm 曝光时间 1/93s 感光度 64

在闪光灯关闭的状态下，为了获得充足的进光量，摄影师通常将相机设置为光圈优先，并采用大光圈，然后根据测光结果设置 ISO 值。在保证画面正确曝光的前提下，有效地提高快门速度，可以捕捉到鱼类游动的姿态。

光圈 F2.8
焦距 50mm
曝光时间 1/80s
感光度 400

抓拍游动的鱼不能盲目提高快门速度，如果快门速度过快，会导致背景过暗。因此，根据鱼游动的速度，将快门控制在 1/100 秒左右，一方面可以捕捉到鱼类的游动姿态；另一方面能够保证充分的进光量，使环境背景在画面中充分体现。

在满足快门速度要求的前提下，要尽量采用低 ISO。如果采用 1600 甚至 3200 等高 ISO 设置，往往会使画面上出现明显的杂点。

展现生活习性

拍摄动物时要注重生态描写，表现其生活习性，如休息、玩耍、捕食和个性特征等。摄影师在拍摄时处于被动地位，不能支配动物的行为，因此，首先要充分了解野生动物的习性和生活规律，其次考虑天气、光线等因素的影响。

光圈 F2.8 焦距 50mm 曝光时间 1/800s 感光度 200

动物的活动范围大，并且摄影师拍摄时需要保持一定的安全距离，不能接近拍摄。因此，长焦镜头是很好的选择。

光圈 F2.8
焦距 145mm
曝光时间 1/800s
感光度 320

如果采用多点对焦进行拍摄，受前景干扰，很容易对焦失误。采用单点对焦，能够在准确对焦的同时，更好地展现动物的生活环境。

抓拍传神瞬间

使用高速快门捕捉动物可爱的表情、丰富的肢体动作能够使画面充满活力。要想拍摄这样的画面，需要使用长焦镜头，如果光线略显不足，可以通过提高感光度来提高快门速度。

光圈 F5.3
焦距 240mm
曝光时间 1/1000s
感光度 320

对于摄影新手而言，如果不能很好地掌握各项参数设置，可以将相机设置为运动模式，更加轻松地拍摄到精彩的瞬间动作。

光圈 F8
焦距 250mm
曝光时间 1/320s
感光度 200

设置连续自动对焦或者智能自动对焦，也能够拍摄到精彩有趣的画面。

光圈 F2.8
焦距 145mm
曝光时间 1/800s
感光度 320

启用相机的高速连拍功能更有机会拍摄到最美的画面，提高拍摄的成功率。

7.2.2 鸟类主题摄影

鸟类是生态摄影爱好者喜爱的拍摄目标之一。但是，鸟类通常警觉性很高，一旦感到威胁就会飞走。因此，拍摄鸟类对器材和技术都有很高的要求。拍摄前，摄影师需要对天气状况、器材、鸟类的生活习性提前了解，只有做好准备，才能为拍摄打下坚实的基础，否则很难拍出精彩的照片。

选择长焦镜头

鸟类通常体型较小，很难近距离拍摄。因此，300mm 以上的长焦镜头甚至专业定焦望远镜头才能胜任更多的拍摄情况，其压缩景深和虚化背景的能力很强，方便简化画面背景。同时，使用长焦镜头能够在较远的距离、不干扰拍摄对象的情况下获得精彩照片，但镜头焦距过长，轻微的晃动便会导致画面模糊。采用具有防抖功能的长焦镜头，保证安全快门速度并使用三脚架进行拍摄，效果更为理想。

光圈 F5
焦距 600mm
曝光时间 1/2500s
感光度 320

光圈 F5.6
焦距 270mm
曝光时间 1/100s
感光度 250

使用长焦镜头拍摄猫头鹰的特写，可以在画面中更好地表现其神态。

光圈 F5.3
焦距 165mm
曝光时间 1/200s
感光度 320

使用大光圈可以虚化主体以外的对象，避免前景和背景对画面的干扰。

精准对焦

通常鸟类的体积较小，且所处的环境又较为复杂，因此摄影师在拍摄时常使用单点对焦针对鸟类的眼睛准确对焦，避免受前景、背景的影响误判焦点。对焦过程中，摄影师要在取景器中仔细观察鸟类的动作，在鸟类的眼睛中出现反光时按下快门，则拍摄效果更加理想。

光圈 F5.6
焦距 220mm
曝光时间 1/125s
感光度 320

鸟类在枝头上时，摄影师的视线经常会受到树叶、树枝的阻挡，使用中央单点对焦可以直接针对鸟类准确对焦，避免受前景、背景的影响误判焦点。

光圈 F5
焦距 600mm
曝光时间 1/2500s
感光度 320

拍摄树枝上的鸟类时，摄影师要注意对焦的位置，避免画面受前后景的影响造成模糊。

提示：

拍摄在天空飞翔的鸟类，我们需要在拍摄前将对焦模式设置为“连续对焦”；拍摄时，半按快门后相机会不停地根据主体的移动调整焦点。我们只需要在适当的时机完全按下快门，就能保证准确对焦。

光圈 F6.3
焦距 300mm
曝光时间 1/1250s
感光度 400

拍摄飞鸟时，摄影师必须快速准确地对焦。以天空或水面为背景，画面能够获得简洁的背景，避免其他环境因素影响对焦，在提高对焦准确度的同时使主体更加突出。

抓拍优美姿态

在白天拍摄鸟类，尽可能地展现其羽毛和神态的细节，这就要求摄影师尽量靠近鸟类或者使用超长焦镜头进行拍摄。充分利用环境与飞鸟相呼应，在简洁的背景衬托下，即使鸟在画面中的比例较小，仍然能够获得较为理想的画面效果。

光圈 F5.6 焦距 50mm 曝光时间 1/80s 感光度 400

拍摄鸟类大多在公园、郊外进行，环境和光线都较为复杂。要表现好羽毛的质感和色彩，高亮度的顺光和侧顺光非常重要。这样的光线可以把鸟类的羽毛细节充分显现，令羽毛显得光鲜、亮丽。在顺光光线下拍摄，光线柔和，能够更好地表现鸟类羽毛的色泽及细节层次。

光圈 F5
焦距 600mm
曝光时间 1/2500s
感光度 320

使用侧顺光可以很好地表现鸟类羽毛的微小变化，是表现细节的最佳光线。散射的光线可以使拍摄对象的色彩更加饱和。

拍摄大自然中的飞鸟对摄影器材和拍摄技术都有更高的要求。拍摄鸟类通常使用高速快门，寻找机会快速抓拍，捕捉它们的形态和动作。飞鸟的活动性很高，飞行速度快，飞行的路线也不确定。在拍摄飞鸟时，快门速度要尽量保证在 1/500s 以上。在光线条件较好时，快门速度最好能够达到 1/1000s 以上。

光圈 F10
焦距 300mm
曝光时间 1/500s
感光度 250

拍摄飞鸟往往受到镜头的限制，开大光圈的同时还必须尽可能地使用高速度快门，以便捕捉飞鸟的双翅和身体的动作。启用高速连拍功能能够捕捉到更多的瞬间形态，以便于摄影师从中挑选满意的照片。

鸟类在飞行过程中，位置与姿态不断变化，需要使用连续对焦模式，这样才能够有效地持续追踪飞行的鸟类，使拍摄对象一直保持清晰状态。如果采用快门优先，需要使用 1/500s 以上的快门速度，并将对焦方式设置为连续自动对焦或者智能自动对焦，使运动的主体一直保持对焦清晰状态，直到完全按下快门键。

光圈 F5.6 焦距 500mm 曝光时间 1/1000s 感光度 400

我们一般使用快门优先模式拍摄飞翔的鸟类，根据鸟类的飞行速度、方向以及鸟与相机的距离来确定相应的快门速度。如果鸟类从远处飞向镜头，我们可能只需要 1/200s 左右的快门速度就可将其定格；如果鸟类距离较近或从镜头前横向飞过，有时就需要 1/800s 甚至更高的快门速度才可以拍到清晰的瞬间画面。此外，我们还可以启用高速连拍功能，记录鸟类飞行的过程。这样更容易从中选择到姿态优美的瞬间画面。

7.2.3 昆虫主题摄影

很多昆虫非常细小，使用普通的镜头拍摄难以展现它们真实的模样，要拍摄特写画面，摄影师需要准备适当的器材。

了解昆虫的习性

要拍好生态摄影作品，首先要了解生物的习性，并注意观察。野外拍摄昆虫需要极其细致的观察力。通常，清晨的水源附近、盛夏的雨后容易找到行动迟缓的昆虫，而昆虫在交配繁衍和觅食时，也更容易靠近，选择这些时机进行拍摄能够大大提高拍摄的成功率。

光圈 F4
焦距 100mm
曝光时间 1/400s
感光度 250

清晨的温度较低，草丛中常会发现静止不动的昆虫。此时，摄影师可以非常轻松地靠近拍摄。

光圈 F4
焦距 50mm
曝光时间 1/400s
感光度 100

昆虫在花朵上取食时，它的警惕性会有所降低，姿态的变化也非常丰富。在花丛中守候，可以很容易地找到昆虫。

提示：

昆虫的身躯小巧而不易被发现，它的细节更不易被看清，这时我们需要选用拍摄昆虫的微距镜头，让昆虫的细节在画面中得到更大、更清晰的展现。在使用微距镜头拍摄时，自动对焦十分困难，所以摄影师最好使用手动对焦，确保画面细节的清晰。使用微距镜头拍摄昆虫细节，摄影师一定要把握好光圈的大小，不要一味追求大光圈，要以需要的画面景深为前提，如果快门速度较慢，最好使用三脚架稳定相机，避免画面模糊。

选择适当的拍摄角度

由于昆虫多半栖身于花草丛中，摄影师拍摄时要适当调整角度，尽量让遮挡拍摄对象的枝叶减少。只有通过精心的构图，才能够在画面中展现出昆虫摄影的魅力。背景的颜色越简洁越好，而且尽量要和昆虫的颜色有差异，如拍摄浅色昆虫时要选择深色背景，保证昆虫主体清晰、突出。

光圈 F2.8
焦距 270mm
曝光时间 1/320s
感光度 620

拍摄昆虫最重要的是抓住它最鲜明的外形特征，以特写画面加以突出、放大，从而给观赏者留下深刻的印象，效果更加出众。

光圈 F5.6 焦距 105mm 曝光时间 1/250s 感光度 800

拍摄昆虫的初期，摄影师可以尽量采用平面构图的方式，让昆虫身体的最大面积与镜头平面保持水平。这是比较简单的构图方法，比较容易对焦和控制景深，以突出不同种类昆虫的特点。

光圈 F8 焦距 100mm 曝光时间 1/125s 感光度 200

最能表现蝴蝶整体形态的拍摄角度往往是侧面，我们可以将蝴蝶的触须及局部特写真实地呈现在画面中，增强画面的视觉冲击力，引起观赏者的共鸣。

光线的选择和控制

光线对于拍摄昆虫非常重要。在多云天气进行拍摄的效果最佳，这时光线柔和，阴影也不会太生硬。清晨、傍晚的光线十分利于刻画细节。不过微距拍摄非常容易损失光线，所以经常需要使用各种手段进行补光。

光圈 F5.6
焦距 270mm
曝光时间 1/100s
感光度 250

清晨的光线是拍摄昆虫的理想时段，这个时段的光线柔和，不会出现过于明显的阴影。有些昆虫的身体或翅膀是半透明的，采用逆光、侧逆光拍摄，可以很好地展现其特有的纹理、轮廓和半透明的质感。

光圈 F5
焦距 100mm
曝光时间 1/160s
感光度 620

在光线不足的环境中拍摄昆虫时，如果采用自然光拍摄，只有提高感光度才能获得需要的快门速度。

拍摄昆虫时，最佳的补光方式是使用外接闪光灯、环形闪光灯等外接光源。这些补光方式可以减弱曝光时的抖动或昆虫运动带来的影响，提升快门速度，更好地捕捉昆虫的动作，同时也能够获得更大的景深。在微距摄影中，由于拍摄对象距离镜头很近，普通闪光灯会产生浓重的阴影，曝光量也不容易控制，这时候常常用到环形闪光灯。环形闪光灯可以直接安装在相机上，发光管呈环形，功率较小，多配有效果灯，光线均匀且无阴影，非常适合微距摄影。

光圈 F3.5 焦距 105mm 曝光时间 1/500s 感光度 800
使用环形闪光灯可以使光线散射，画面中不会产生浓重的阴影，使画面效果柔和。

使用机顶闪光灯或外接闪光灯直接拍摄，光线会显得非常生硬。配合柔光罩拍摄，光线会变得更加柔和，容易营造出自然光线的效果。

光圈 F5.6
焦距 90mm
曝光时间 1/500s
感光度 200

拍摄昆虫还经常使用离机引闪功能以获得更强的立体感光线。外接闪光灯安装在灯架上，通过离机引闪线与相机相连。这样远离相机进行闪光，可以获得更加丰富的布光效果，使拍摄对象色彩更鲜明，对比更强烈。

光圈 F5.6
焦距 90mm
曝光时间 1/500s
感光度 200

使用离机引闪制造侧光效果，可以更好地展现拍摄对象纹理的细微变化。

7.2.4 宠物主题摄影

可爱的宠物已经成为很多家庭不可缺少的家庭成员之一。要为心爱的宠物拍出漂亮的照片，让它们在照片里尽显风采，不是一件容易的事，这个过程中不仅需要宠物的配合，还需要拍摄者的耐心和一些拍摄技巧。

和宠物建立亲密的关系

想要获得精彩的宠物照片，了解宠物的个性和生活习性对于拍摄非常有帮助。当拍摄者熟悉了宠物的个性特征、行为习惯、情绪脾气等后，就可以有的放矢地教它做出精彩的动作和表情，可以预知它的下一步动作，提前做好拍摄准备，以获得精彩的瞬间照片。在与宠物的朝夕相处中，用心观察，多与它们交流，这可以帮助拍摄者更准确、更快捷地掌握宠物的习性和可爱之处。

有些较有灵性的宠物，如猫、狗等，它们可以从拍摄者的情绪和对待它们的态度中感知善恶、欢愁，这会影响它们的情绪与反应。因此，在拍摄宠物时，拍摄者一定要对它们多加爱惜，用心和它们相处，这样才能够拍摄出打动人心的宠物照片。

光圈 F1.4
焦距 50mm
曝光时间 1/400s
感光度 400

要拍好人与宠物的合影，可以通过友善的抚摸或是随身携带的宠物最喜爱的食物，让宠物保持自然状态，这时可以表现出它们与主人的亲昵。

宠物比较爱动，拍摄者在确定好拍摄角度后，要保持耐心，切不可对好动的宠物大发脾气，这只会增加宠物对拍摄者的畏惧感，给拍摄带来不利的影响。

光圈 F5.6
焦距 55mm
曝光时间 1/800s
感光度 400

为了集中宠物的注意力，拍摄者可以用玩具逗弄、吸引它们的注意力，或者用它们喜爱的食物吸引它们，使其保持在拍摄所需要的活动范围内，为拍摄提供便利。

拍摄场所的选择

宠物是伴随我们左右的忠实朋友，想要拍摄效果好的宠物照片，让它们感觉舒适、自然很重要，因此拍摄场所的选择也是很重要的准备工作。

宠物在它们熟悉的场景中会显得比较放松，这样有利于让它们展现出更加自然的状态，同时也使拍摄过程更为轻松。首先，我们可以利用的就是居家环境，这里是宠物非常熟悉的地方。其次，我们还可以选择到户外的草坪或是公园等地进行拍摄，如果有主人和宠物喜爱的零食、玩具陪伴，宠物们会有更好的发挥。

发现独特的拍摄角度

大多数宠物通常都是在地面活动的，俯视是我们平时观察它们最为常见的角度。但以这种角度拍摄的画面比较单调，视觉效果平淡无奇。如果拍摄时，把相机放置于宠物视线平齐的高度，或采用低视角拍摄，都会取得很好的拍摄效果。

避免俯视拍摄是一条有效提高拍摄成功率和照片观赏性的原则。不过，我们也不能完全教条化。只要合理运用构图技巧，抓住宠物的表情和姿态，俯视拍摄也同样能够获得理想的作品。通过吸引宠物的注意力，把握住其眼神，即使是俯视角拍摄也可以获得好效果。

光圈 F2.8
焦距 100mm
曝光时间 1/125s
感光度 2000

俯视的视角给人一种居高临下的压迫感，这对于拍摄宠物楚楚可怜的萌态最合适。

光圈 F5.6
焦距 115mm
曝光时间 1/640s
感光度 400

俯视适合拍摄一些形体较大的宠物，这个角度可以将它们的体态清晰地表现出来，而且还可以获得一定的空间透视效果，为画面添加活力。

光圈 F4.5
焦距 35mm
曝光时间 1/200s
感光度 400

将身体尽量放低，与宠物保持平视的状态进行拍摄，可以获得与宠物亲切交流的心理感受，轻松呈现宠物的表情，使画面的可观性更强，更有亲和力。

光圈 F2.8
焦距 50mm
曝光时间 1/250s
感光度 200

平视拍摄可以极好地刻画宠物的神情状态，对于表达宠物的形象个性和表情都是一个较好的角度选择。

对于一些形体娇小的宠物，如小乌龟、小鱼、小鸟等，近距离的平视拍摄可以给人一种与宠物窃窃私语的亲密感，使宠物形象更加可爱。

好背景的重要性

拍摄宠物照片时，我们要注意宠物所处的环境，尽量选择简洁的、色彩反差大的背景。这样能够使宠物在画面中更加突出。如果受环境条件的限制，采用大光圈虚化背景或者拍摄特写画面可以获得简洁背景。

(1) 避免背景杂乱

背景在画面中扮演衬托主体、渲染画面的角色。在拍摄宠物过程中，我们可以通过背景的选择来营造简洁的画面。

在拍摄之初，选择干净、简洁的背景环境是最有效、最简单的方法。我们可以用纯色的墙壁、素雅的窗帘、干净的天空、绿色的草地、干净的地板等作为拍摄宠物时的背景。

光圈 F6.3
焦距 50mm
曝光时间 1/160s
感光度 200

在室内拍摄宠物时，我们可以选择室内一些色彩单一、鲜亮的家具或墙壁作为背景，获得突出主体形象的效果。

我们还可以通过变换拍摄角度的方式来营造简洁的背景。如果所拍环境有些杂乱，可以通过变换拍摄角度的方式来寻找富有秩序感的简洁背景。比如采用仰视的角度用干净的天空作为背景，或者采用俯视的角度用平整的地面作为背景等，都是实际有效的方式。

光圈 F2
焦距 50mm
曝光时间 1/800s
感光度 640

我们还可以采用虚化背景的方式来营造简洁的背景。在选择背景和变换角度都无法简洁背景的情况下，我们可以通过小景深来虚化背景，使其形象模糊来达到简洁的目的，从而突出主体。此外，我们还要特别注意拍摄主体身后的线条，以免背景中的线条对主体形象有破坏作用。

光圈 F1.4
焦距 85mm
曝光时间 1/400s
感光度 640

拍摄宠物经常使用大光圈或长焦镜头虚化背景，这样能够使干扰视线的背景得以充分的虚化，使宠物的形态、表情更好地呈现在画面中。

光圈 F4
焦距 50mm
曝光时间 1/125s
感光度 640

虚化背景时，我们要注意控制景深，过大的光圈会导致景深非常浅，使宠物不能获得整体的清晰成像效果。

在难以选择和避开杂乱背景的时候，最有效的方式就是靠近宠物拍摄特写画面，使宠物的头部完全充满画面。针对宠物的眼睛对焦，充满画面的特写更加传神。

光圈 F3.5
焦距 85mm
曝光时间 1/500s
感光度 640

光圈 F3.5
焦距 50mm
曝光时间 1/200s
感光度 400

拍摄特写画面很容易突出宠物的表情和神态。想要展现宠物的独有个性，摄影师可以在拍摄时针对眼睛精确对焦，尽量把眼睛安排在三分点的位置。

(2) 利用光线的明暗反差

利用光线的明暗反差，压暗背景可以有效地突出主体。在室内拍摄时，摄影师可以尽量选择靠近窗户的位置顺光拍摄，越靠近窗口的位置光线越强，与室内的背景会形成明显的光线反差。这种情况下就很容易压暗背景，使背景呈现出黑色，起到突出宠物的作用。在户外拍摄时，选择有树荫或遮挡的地方作为背景，这样也很容易获得类似的效果。

在充足而柔和的光线下，窗口与室内形成明显反差。以点测光针对宠物测光拍摄，就很容易使背景变暗，起到突出主体的作用。

(3) 在合适的方向留出空白

留白是指画面中除了看得见的实体对象之外的一些空白部分，为画面留有适当的空白将有助于营造画面意境。我们应该更多地考虑宠物的身体特征和性格，为画面适当留白。

光圈 F2
焦距 25mm
曝光时间 1/60s
感光度 400

画面被塞得过满，就会给人一种压抑感，恰当的留白才能给人在视觉上有回旋的余地，而且空白还可以是宠物视线的延伸，为观赏者增加想象的空间。所以，摄影师不妨将天空、绿地、白墙等作为画面的留白空间。

(4) 在背景的颜色上多用心思

很多动物为了保护自己，身上都有与环境相似的色彩和纹理，宠物也不例外。因此摄影师在拍摄时，可以利用这一点，借助背景色彩凸显主体。

假如宠物是一只花猫，摄影师若将其放置于落叶或花丛中，那肯定难以分辨，如果把它放在一个干净纯洁的背景中，效果肯定不错；假如宠物是一只单色的猫，那么树叶或花丛就会成为极好的衬托。同样，对于其他宠物，根据宠物自身的外貌特点来选择与之有对比的背景，这样做肯定能够得到不错的视觉效果。

光圈 F5.6
焦距 105mm
曝光时间 1/500s
感光度 400

拍摄时，尽量根据宠物的毛色选择有反差的背景衬托，这样更加容易突出宠物。

如果拍摄的宠物毛色比较单调，那么构图中试着多加入一些色彩，会使画面变得活泼可爱。如果是在家中拍摄，尽量选择色彩艳丽的靠垫、窗帘等来做背景，可以增加画面的色调；如果是在室外拍摄，则可以选择花丛、彩色道具来作为增加画面色彩的元素，这些颜色会让宠物看起来更加精神，同时也能够渲染宠物饱满的情绪。

光圈 F7.1
焦距 86mm
曝光时间 1/400s
感光度 400

巧用镜头特性进行拍摄

(1) 夸张的广角镜头

广角镜头可以夸张画面的空间透视，营造戏剧性的画面效果。使用广角镜头拍摄宠物时，充分利用广角镜头夸张和变形的特点，突出宠物的某一局部，如狗的鼻子、猫的眼睛等，在夸张、放大中表现它们的憨厚、可爱。

光圈 F2.8
焦距 16mm
曝光时间 1/1600s
感光度 400

光圈 F2.8 焦距 38mm 曝光时间 1/400s 感光度 200

因为广角镜头在拍摄宠物的环境照片时，可以捕获更多的环境细节，并能够突出主体，强调空间意境，强化画面的形式美感。但摄影师要注意拍摄的角度和夸张的程度，不可一味地追求视觉效果而使宠物形象过度变形，真实感缺失。

(2) “偷拍”的绝密武器——长焦镜头

长焦镜头可以将远处的景物拉近拍摄，利于在不打搅被摄物的前提下秘密抓拍，获得被摄物最自然、最真实的形象。使用长焦镜头拍摄宠物，可以有效避免因为它们的警觉性而惊扰到它们的活动，也有利于拍摄者在长时间的观察中捕捉到它们最放松、最自然的形态。

不过，因为长焦镜头的视角狭小，这对于在取景框中准确定位和瞄准运动剧烈的宠物来说有一定的难度，所以焦距过长的镜头，如 300mm 焦距镜头并不是最佳选择。

此外，长焦镜头对于抖动特别敏感，所以最好使用三脚架稳定相机，如果镜头和机身有防抖功能，也可以有效防止抖动带来的虚化现象。

(3) 超亲切的标准镜头

使用标准镜头拍摄宠物，在构图时需要移步取景，不是很便利，但是其优秀的成像能力却是变焦镜头不能比拟的。在拍摄形体较小的宠物时，标准镜头的视角刚好合适，不管是近距离拍摄还是远距离拍摄，都可以获得理想的视觉效果。

光圈 F4.5
焦距 50mm
曝光时间 1/80s
感光度 800

抓拍宠物的有趣画面

拍摄宠物时，摄影师要耐心等待，多拍几张，即使是在同一个场景中，不同的表情也会带给观赏者不一样的感受。拍摄宠物基本上都采取抓拍的方式，宠物即使再听话，让它们摆出想要的姿势非常难，保持姿势不变则更难。因此，这就需要选择智能自动对焦，宠物不动时，自动选择单次自动对焦；突然运动时，自动选择连续自动对焦。

光圈 F3.5
焦距 54mm
曝光时间 1/125s
感光度 400

拍摄宠物时，大多数时间都是在抓拍，这样才不会漏拍稍纵即逝的可爱瞬间。一幅成功的生态作品，大多表现了最精彩、最有趣的瞬间。连拍也是经常使用的功能，捕捉到好照片的概率也更大。

眼睛是心灵的窗户，不只是针对人，动物也一样。拍摄宠物时，针对眼睛对焦，透过宠物的眼神我们仿佛也能看到它们的喜怒哀乐，所以针对眼睛对焦拍摄能使画面更加传神。

光圈 F6.3
焦距 72mm
曝光时间 1/400s
感光度 400

捕捉到宠物微妙的眼神就容易成就一张优秀的作品。因此，拍摄宠物要注意把焦点放在其眼睛上，如果眼睛里还有适当反射的光线则更好。

光圈 F5.6
焦距 300mm
曝光时间 1/2000s
感光度 320

拍摄宠物嬉戏的画面，可以充分展现它们自然的天性，获得瞬间精彩的照片。如果摄影师不能很好地掌控相机的参数设置，可直接使用运动模式进行拍摄。

光圈 F4
焦距 187mm
曝光时间 1/1000s
感光度 100

拍摄嬉戏的宠物通常可以将拍摄模式设置为快门优先，并设置 1/500s 以上的高速快门，然后根据光线条件适当调高 ISO 值，确保所需要的快门速度。

光圈 F2.8
焦距 85mm
曝光时间 1/1000s
感光度 500

宠物在奔跑时的动作变换是非常迅速的，要想捕捉到其奔跑的每一个瞬间，我们可以开启相机的连续对焦和连拍功能，保证不错过每一个精彩瞬间，轻松定格宠物敏捷的动作。

拍摄宠物时，摄影师还可以充分运用道具来丰富画面元素，提高宠物的兴致，营造画面情趣。将道具与宠物一起构入画面，不仅可以增加现场感，而且还使画面更具故事性，凸显宠物的可爱性格。

光圈 F2.5
焦距 50mm
曝光时间 1/4000s
感光度 320

摄影师尝试利用各种新奇的玩具，吸引宠物的注意力，通过在宠物面前摇晃玩具或抛出玩具让宠物玩耍，引导它们伸腿、跳跃、打滚等，然后抓住时机拍出摄影师想要的生动照片。

光圈 F3.5
焦距 54mm
曝光时间 1/125s
感光度 320

技巧：

摄影师在构图时，应当把宠物主体放在靠画面一边的位置，而为它的视线方向预留足够的视觉空间，让视线得到延展。这样画面不会产生压迫感，同时也给观赏者留下足够的想象空间。

Chapter 08 其他类别摄影

8.1 静物主题摄影

静物摄影是日常生活中容易接触到的摄影题材，摄影爱好者通过静物摄影可以锻炼画面构图、拍摄布光等能力，并且记录日常生活。在开始拍摄静物主题之前，我们需要根据选定的拍摄对象做一些前期准备。

8.1.1 选择拍摄角度

静物摄影中常见的主体对象包括自然物体和人造物体。静物本身的外形是固定的，但我们可以从不同的角度去观察对象，找到一个能够突出、清楚表达主体对象的角度，然后安排拍摄的布局。

光圈 F4.5
焦距 70mm
曝光时间 1/400s
感光度 200

摄影师拍摄前仔细观察拍摄对象，选择最合适的拍摄角度。接近拍摄主体的低角度，既可以表现主体的细节，也可以体现画面布局的空间感，增强画面的表现力。

8.1.2 安排拍摄对象

在确定要拍摄的主体对象和拍摄角度之后，摄影师可进一步对画面中出现的对象进行调整，可以通过想要表现的画面意境，刻意地增减对象，直到获得满意的构图效果。

光圈 F6.3
焦距 71mm
曝光时间 1/50s
感光度 200

摄影师可以通过安排画面中的主体对象的数量、位置、背景的陪衬，练习经典的构图方式，加强构图能力。

光圈 F3.5
焦距 19mm
曝光时间 1/20s
感光度 200

主体对象本身具有独特、优美的造型时，通过重复排列可以突出其独有造型，表现韵律感。

光圈 F3.5
焦距 50mm
曝光时间 1/40s
感光度 200

安排画面对象时，摄影师也可以通过选择对象组合的色彩来协调、突出画面主体。

8.1.3 选择搭配背景

拍摄对象的背景和环境，影响着主体形象的意蕴和视觉美感的表达。在按动快门之前，我们需要留意主体对象所搭配的背景与环境，考虑它们在画面中所起的作用。由于静物摄影的主体对象一般相对较小，因此背景选择时需要考虑的因素很多，例如主体的颜色、大小、质感等，尽量使用简洁背景更易于突出主体。一般在室内拍摄简单的静物，摄影师可以选择色彩简单的窗帘或者白色的墙面作为背景。

光圈 F10
焦距 70mm
曝光时间 1/125s
感光度 100

拍摄小物体时，摄影师可以选择与其颜色、质感有明显对比的背景。

简化背景、突出主体有两种方法。一种方法就是使用纯色背景。这样能够避开杂物的影响，有效地吸引观赏者的注意力。

光圈 F3.2 焦距 50mm 曝光时间 1/125s 感光度 200

采用纯色背景来衬托主体进行拍摄，可以使画面简洁，并富有视觉冲击力。摄影师需要注意的是，不同的纯色具有不同的视觉感受，选择时要根据主体性质而定。

另一种简化背景的方法就是虚化前后景。虚化前后景是静物拍摄中常用的一种技巧，这种方法可以突出主体，美化画面。在拍摄时，使用大光圈、长焦距、靠近拍摄的方法，可以虚化主体对象周围杂乱的环境。通过虚实、色彩、大小、形态等多方面的对比烘托画面气氛，令照片具有更加浪漫的意境。

光圈 F2.2
焦距 50mm
曝光时间 1/800s
感光度 200

光圈 F4
焦距 50mm
曝光时间 1/50s
感光度 200

使用较长的焦距进行拍摄，焦距越长，画面的景深越小，拍摄时将镜头的焦距放在镜头最长的位置，从而可以获得令人满意的背景虚化效果。

光圈 F3
焦距 50mm
曝光时间 1/400s
感光度 200

使用大光圈虚化杂乱的背景，同时压暗背景曝光可以将主体特征更好地凸显出来。

8.1.4 正确用光

光线的运用对静物拍摄非常重要。光线直接影响静物的色彩、影调和形态的表现。因此，拍摄同一静物时，不同的光线就会产生不同的意境。

自然光拍摄

很多的静物拍摄并不在静物台上或影棚中，而是在特定的场景中进行拍摄。在特定场景中进行静物拍摄时要注意环境色彩、环境光线的应用。

光圈 F8
焦距 135mm
曝光时间 1/200s
感光度 200

如果没有摄影灯，那么阴天散射光是拍摄静物的最理想的光线，它可以模拟柔光箱的环境，拍摄出光线均匀、色彩丰富的照片。

光圈 F3.5
焦距 50mm
曝光时间 1/60s
感光度 200

白天在室内拍摄时，应尽量选择窗户旁边的位置，这样就可以在柔和的自然光下进行拍摄。若是自然光的角度，无法很好地表现被摄主体的光泽时，为了增加主体表面的反光，可以自备小手电筒，增加主体的光泽。

室内灯光拍摄

拍摄静物时，摄影师通常是在室内或是在摄影棚中进行拍摄的，大多采用人造光源作为主要光线，因此光线控制是否得当是影响一幅作品成功与否的决定性条件。

光圈 F10
焦距 64mm
曝光时间 1/60s
感光度 640

使用室内灯光拍摄时，摄影师要注意光源的色温。使用黄色的灯光，会让人觉得温暖，拍摄的食物看起来会比较可口，让人食欲大开。而冷色光虽然会让人感到冰冷，但能表现现代感，摄影师可依照想要表现的题材，选择不同色温的光源。

提示：

在室内拍摄时，在准确曝光的基础上适当增加曝光量，使画面呈现稍稍曝光过曝一点的效果，这样得到的照片会显得更加洁净、优雅，从而呈现出更加温馨的画面效果。

如果在摄影棚内拍摄，所有的光源都可以被控制得很好。但如果是使用室内灯光进行拍摄，最好使用双闪光灯补光的方式拍摄，或者使用单支闪光灯以逆光或是侧逆光方式打光，并可试着调整光源位置与光线强度，再使用反光板补充暗面光线，减少明暗反差。

光圈 F27.1
焦距 105mm
曝光时间 1/160s
感光度 640

光圈 F8
焦距 100mm
曝光时间 1/100s
感光度 640

单灯拍摄通常用来强调拍摄对象的质感，或拍摄具有个性的静物照片。单灯拍摄时，可以搭配各种配件来改变光质，也可以利用反光板降低明暗反差，平衡阴影浓度。

光圈 F2
焦距 85mm
曝光时间 1/100s
感光度 200

双灯拍摄多用于拍摄单一主体，或同质性、方向性较强的影像。大部分情况下，双灯拍摄是利用主灯打亮主体，再利用副灯勾边。大多数的食品照片都是采用双灯拍摄的。

8.2 美食主题摄影

拍摄美食最重要的是要表现出食物的美味、质感，从而通过照片引起观赏者对食物的美好记忆。但要将眼前美食拍得好看，其实没有想象中那么简单，因为有许多细节需要我们仔细观察。例如，光源种类、白平衡和取景角度的选择等，都是决定美食作品成败的关键，只要拍出的照片能引发观赏者的食欲，就是一张成功的美食照。

要寻找拍摄美食的灵感，可以多看看烹饪相关的图书和杂志，仔细观察当中美食照片的用光和拍摄角度。不管拍摄者是打算用照片来记录一份家传烹饪方法，还是想给自己的朋友圈增添几张让人称赞的得意之作，都要仔细思考画面需要怎样的视觉元素，并找到必要的道具。例如，精美的餐具和质地柔软的桌布通常是不错的背景，因为它们的低调更能突出食物的美味。

8.2.1 美食摄影的用光秘诀

食物本身具有丰富的视觉层次，并且表面通常是不光滑的，所以选择光线时可以考虑多种光照方式。

一般来说，美食摄影的光源不外乎是“自然光”与“人造光”两种，在白天用餐，尽可能挑选临窗的座位，以便采用自然光作为美食摄影的主要光源，在此光源下通常不太需要特别调整相机，就能拍出美食本身自然的光泽与色彩；而若在没有自然光源的餐厅或是在夜晚用餐，尽量挑选人造光源充足的座位，让食物本身能获得足够的光线照明，再配合构图与正确的白平衡，同样能拍出让人食欲大增的美食照。

如果在家中拍摄，利用窗户的纱帘作为柔光的道具可以使光线柔化，没有纱帘则可以购买柔光设备，这样得到的光线也十分柔和。

提示：

拍摄时，摄影师尽量避免使用闪光灯。闪光灯的直射光会在食物上投射出强烈的阴影。选择合适的光线后，摄影师还要注意曝光。曝光过度会使食物失去鲜亮的色彩；曝光不足则会使画面昏暗，无法引起观赏者的食欲。

光圈 F5.6
焦距 134mm
曝光时间 1/250s
感光度 100

顺光在画面中产生的阴影很少，可以使主体的色彩得到很好的还原，画面给人清晰、亮丽的感觉，因此顺光在美食摄影中被大量使用。

光圈 F4
焦距 106mm
曝光时间 1/10s
感光度 100

选择前侧光可以突显主体对象的纹理和质感。在室内拍摄时，利用家中的照明灯或自然光线，都能拍出很好的效果。

光圈 F4.5
焦距 50mm
曝光时间 1/250s
感光度 100

侧逆光是美食摄影中比较难控制的布光方法，但可以用于拍摄一些特殊材质的食材，如透光的食材或肉类食材。使用侧逆光拍摄可以将食材的质感表现得非常突出，使画面的立体感更强。

光圈 F7.1
焦距 100mm
曝光时间 1/125s
感光度 100

侧逆光不仅可以表现出主体的质感，同时会产生浓重的阴影区。使用反光板为背光面补光，可以在主体具有丰富质感的同时，使画面显得柔和、自然。

光圈 F2
焦距 50mm
曝光时间 1/125s
感光度 100

在光线不足时，如果一定要使用闪光灯，可以将半透明的纸张遮挡在闪光灯前方，让光线变得发散，从而更好地控制光线。

提示：

布光时，光线的柔和程度需要根据拍摄主体的质感而定。若主体表面较为粗糙，可以使用光质稍硬的光线；若主体表面较为光滑，则要使用柔光，这样主体的质感才会得到最佳的表现。布光时，摄影师还要注意光照亮度是否均匀，对暗部要做适当补光，以免明暗反差过大。在需要用轮廓光勾画主体外形时，轮廓光也不宜太强。

8.2.2 令人赏心悦目的构图技巧

构图是美食摄影的一个关键环节。食物、道具的摆放位置对整个画面的视觉效果有着非常大的影响。讲究构图就是如何在有限的空间或平面中将精心烹饪的美食和陪衬道具做一个最佳的布局。

其实，美食摄影拍摄角度的选择相对简单，大多都是俯视、45°和低角度 3 种。在拍摄时我们建议使用三角构图法，也就是在画面中利用 3 个道具构成画面的 3 个视觉元素，这样画面既稳定又有趣，是美食摄影中常用的构图方法。

光圈 F7.1
焦距 55mm
曝光时间 0.8s
感光度 200

在使用三角构图法时，我们可以利用画面景深的表现力，将要表现的部分设定在画面的景深范围以内，用清晰的画面吸引观赏者的注意力。

中心构图也是常用的构图法，将主体放在画面的中间位置可以很有效地聚焦视线，突出主体。一般采取这种构图方式时，我们可以让背景与主体的颜色有较大的反差来强化焦点。在拍摄中心构图时，适当地在主体周围摆放上一些小道具作为装饰，可以使画面更加生动。

光圈 F3.2
焦距 50mm
曝光时间 1/80s
感光度 200

光圈 F5.6
焦距 10mm
曝光时间 1/30s
感光度 200

中心构图能着重体现所要表现的主体，但处理不好会使画面显得呆板，无法给人以美的感受。因此在使用中心构图时，适当增加一些配菜、装饰及小道具等，可以让画面显得更加生动。

光圈 F2.2 焦距 50mm 曝光时间 1/200s 感光度 640

偏离中心构图就是将主体偏离画面正中心进行构图。这种构图有以下 3 个优点：一是如果画面中出现了相同的色彩、纹理，偏离中心的构图方式有助于打破画面的单调感；二是可以回避画面中不好看的部分；三是有助于增加照片的生动感。

按照三分法构图安排主体和陪体，照片就会显得紧凑、有力。拍摄的背景和主题保持一定的距离，不仅可以方便摆设主体，还可以产生一定的空间感，画面不会显得过于局促。

光圈 F8
焦距 105mm
曝光时间 1/25s
感光度 100

使用斜线构图，可以使画面变得更有立体感、延伸感和运动感。

8.2.3 通过搭配来营造不同的氛围

布景在美食摄影中有着较为重要的作用。理想的布景能让美食照片拥有自己的特性。灵活使用不同的材料能让照片拥有不同的格调。美食场景布置应遵循以下4个原则：①有主有次，突出主体；②营造有远有近、有高有低、有聚有散的空间感；③色彩要和谐；④道具和美食要匹配。

色彩

色彩的搭配在食物摄影中也极其重要，特别是冷暖色调的搭配，很有层次感。适当地为画面增加一点色彩，就会让整个画面鲜活起来，变得更加饱满。

光圈 F2.2
焦距 85mm
曝光时间 1/125s
感光度 200

如果食物的色彩比较单一，偏向于一种色调，尽量加上一些其他的配件辅助丰富画面，以吸引观众的目光。

通常情况下，一张理想的照片要有一个主色调，要么是浅色调，要么是深色调。清新自然的美食照片强调的是浅色调占画面大部分，而深色调只占小部分，尽量减少主体以外的画面深色部分，这样使主体更突出。

光圈 F3.2
焦距 50mm
曝光时间 1/80s
感光度 200

主体以外的画面，浅色调占了画面大部分，整个画面显得比较纯净和透彻。

各种食材之间的颜色对立和层次感在摆盘时很重要。绿色给人以清新凉爽的感觉；红色象征激情和令人兴奋的感觉，能增强食欲；黑色代表稳重高雅。一般来说，一道菜品中包含两种中性色彩和 2~3 种明亮色彩的食物会更引人注目。

光圈 F3.6
焦距 50mm
曝光时间 1/160s
感光度 200

蓝色虽然是会降低食欲的颜色，但很容易与暖色的食物形成强烈的对比色，使画面更鲜艳、饱满。

对比色系比较难掌控，我们可以尝试将统一色调或者近似色调的食物和餐具工整地摆放在一起，使画面更加协调。

道具

道具除了能增加照片的意境外，也可以使画面更加真实、自然，影响整张照片的风格。尤其是在食物拍摄时，小道具能起到锦上添花的作用，营造出美好的氛围。

根据被摄对象的质感，尤其是色彩、质感、形态来选择与搭配道具，如居家小菜，后景可与别致的碗筷勺、小物件之类搭配装饰。食物的原材料和配在一起吃的蘸料小菜也是可以搭配的道具。

光圈 F4.2
焦距 62mm
曝光时间 1/400s
感光度 200

搭配的关键在于烘托食物的背景与文化，所以只要保证图片整体风格的和谐、统一，观赏者能正确理解创作者所要表达的想法与理念即可。

餐具可以说是一张漂亮美食照片的灵魂，没有好看或者恰当的餐具衬托，那么整个画面的质感都会受到影响，甚至毁了这道菜美美的摆盘。

光圈 F2.8
焦距 50mm
曝光时间 1/1250s
感光度 200

尽量选择纯色或花纹简单的餐具，这样可以更好地衬托美食，显得简约且自然，不会喧宾夺主。

光圈 F3.2
焦距 50mm
曝光时间 1/500s
感光度 200

在外用餐，餐具大多不会非常有特色，但相当一部分的店家在餐具方面都会选择最安全、百搭的基础款，如果拍摄者喜欢自己在家做饭，不妨入手一些特色餐具以备用。

提示：

餐具常以白色或金属色为主色调，材质多以陶瓷和不锈钢为主，所以都会产生一些反光，要拍好它们，控制画面曝光是关键，有时可以适当地增加一些曝光补偿，还要通过拍摄角度和光线选择等方面控制画面反光。

除了盛装美食的器皿之外，对于美食摄影师来说，其他小道具也同样重要，餐巾、桌布、装酱料的容器，还有桌板、托盘、植物等，甚至是电脑、杂志以及手，都可以让视觉变得丰富，而且有助于打造出意境效果。

光圈 F2.8
焦距 75mm
曝光时间 1/560s
感光度 200

不要忽略一些小细节，如加入器皿以外的一些小餐具就可以使原本简单的画面变得生动起来。

光圈 F3.5
焦距 50mm
曝光时间 1/100s
感光度 200

植物的运用与融合会让照片的整体画风既文艺，又兼具优雅。

使用麻布、木头、水泥地或有褶皱的、变化不规律的布等纹理细节丰富的材料做背景，能给美食画面增色不少。

光圈 F1.4
焦距 50mm
曝光时间 1/3200s
感光度 200

桌布是理想的布景材料，不仅价格便宜，而且风格多变，在使用上也能更加灵活。

光圈 F3.2
焦距 85mm
曝光时间 1/30s
感光度 200

使用黑色布景或是深色水泥板会让食物更有高级感，也更能在视觉上突出食物的主体地位。

在木质桌面上拍摄食物是一种十分讨巧的方式。这个时候，照片中所有的元素看起来都是质朴而又真实。如果所拍摄的食物并不像大餐厅所做的那么精美，而只是在家里手工制作的，那么搭配这种旧木头的背景可以增加照片的质感。

光圈 F5.6 焦距 50mm 曝光时间 1/80s 感光度 200

8.2.4 美食照片的加分秘籍

很多人认为拍摄食物需要大光圈，事实上恰恰相反，通常使用 f/4~f/8 左右的光圈值，太大的光圈会带来过浅的景深，使食物缺乏整体感。

捕捉定格画面

食物一旦在空气中放置太久，就会失去它在视觉上的吸引力。因此摄影师在拍摄前就要布置好桌子，安排好道具、光源和相机(包括对焦、曝光和其他设置)，并使用替代的盘子或者图画暂时填充食物的位置；等食物上桌后，要尽量在最短时间内完成拍摄。这样才能在保持食材鲜度的同时，拍出光泽诱人的美食照。

光圈 F14
焦距 60mm
曝光时间 1/60s
感光度 200

拍摄美食一般根据景深来确定光圈的大小。光圈确定后，把感光度设置为相机的最低感光度，如ISO100，然后使用光圈模式测光，确定与之相匹配的快门速度。如果有三脚架，则按照匹配的快门速度切换到手动模式拍摄即可；如果没有三脚架且匹配的快门速度低于安全快门速度，则需要提高感光度，使与之匹配的快门速度保持在安全快门速度之上。

光圈 F11
焦距 50mm
曝光时间 1/250s
感光度 100

一些尚未烹饪的基础食材，通常在放置一段时间之后仍能保持原状，对美食摄影者来说，它们是初级练习的理想拍摄对象。当摄影者练习拍摄带壳的完整鸡蛋、新鲜的水果蔬菜，以及其他状态稳定的食物后，就可以慢慢探索，尝试在不同的光线和角度下拍摄美食。

初学者可以从耐放的食物，如面包、甜品、饼干之类的食物入手。蔬果也是不错的选择，如番茄、胡萝卜、苹果、草莓等不需要怎么准备，只要洗干净就能进行拍摄。

展现食材的美

不同食物有着不同的外形、颜色和质感。在拍摄美食对象时，除了尽可能地挑选外形好看、色彩鲜艳的食材外，还可以通过不同的角度展现食材的美。

平视角度拍摄，即使用与美食高度持平的零角度拍摄。这种角度适合拍摄体积感较强，有一定厚度和高度，侧面细节比较丰富的美食。在运用平视角拍摄美食时，摄影师需要观察后面的背景是否适合入镜。如果背景凌乱，摄影师可以尝试使用大光圈虚化背景；或是将食物放置到合适的背景前进行拍摄。

光圈 F5.6
焦距 70mm
曝光时间 1/400s
感光度 200

一般而言，在美食摄影中，浅景深效果最好，可以将主体和背景分离，吸引观赏者对主体的注意力。在构图上，让主体充满整个画面，使食物看起来更加丰盛、美味。

低角度摄影有很强的透视表现力，拍摄食物时不仅可以体现食物的厚度，同时还能通过光线表现食物的质感。拍摄饮品时常常会选择低角度摄影，如果加上人物和食物之间的互动，则会让画面更加生动、有趣。

光圈 F2.5
焦距 50mm
曝光时间 1/60s
感光度 200

通过添加配饰，不仅可以凸显主体对象，还可以调节画面气氛。拍摄带有环境的食物时，摄影师要精心布置背景、合理运用道具；同时，避免装饰品过多，使人眼花缭乱。

光圈 F3.5
焦距 50mm
曝光时间 1/80s
感光度 200

使用45°视角拍摄美食，可以将拍摄对象的整体色彩、形态直白地表现出来，而不需要观赏者对照片进行过多的联想。安排主体位置时，一般将主体安排在黄金分割点上，或根据主体的形态安排画面，从而使画面显得更加协调。

俯视角度是垂直于美食上方的角度，它可以用来展现比较完整的结构或画面。比如有些美食立体感不强，不能给观赏者很强的视觉冲击力，此时采用俯视角拍摄，可以更好地展现食物在器皿中的形态。拍摄出来的照片和所见一样，给人很强的亲切感。

光圈 F5.6
焦距 100mm
曝光时间 1/125s
感光度 200

光圈 F8
焦距 50mm
曝光时间 1/125s
感光度 200

采用俯视的角度拍摄美食，是美食摄影中最常用的方法。该方法可以用来拍摄美食的整体布局，表现美食的特征，以及与陪体的关系。

光圈 F6.3
焦距 32mm
曝光时间 1/250s
感光度 200

如果需要拍摄的食物之间不存在明显的主次关系，想要营造一种琳琅满目的视觉效果，也可以使用俯视角度进行拍摄。

除了拍下食物的全貌以外，偶尔也可以从局部细节进行拍摄。找出有趣的规律、纹理与细节，让照片充满质感与触觉，以细节取胜也是一种不错的表现方式。

光圈 F5.6
焦距 85mm
曝光时间 1/160s
感光度 200

光圈 F2.8
焦距 75mm
曝光时间 1/560s
感光度 200

要让画面散发出诱人的味道，用微距镜头刻画细节是一种有效的方式。抛开盛装食物的器皿，近距离拍摄特写，放大食物的吸引点，很容易让食物散发出诱惑力。

光圈 F1.7
焦距 75mm
曝光时间 1/560s
感光度 200

使用俯视角可以拍摄非同寻常的画面，形成有趣的图案纹理。

Chapter 09 摄影师必备的后期技法

9.1 大批量照片的管理

使用数码相机拍摄，可以随时随地记录画面，这样会让我们在不知不觉中积累了很多照片。管理好这些照片，会为我们后期的工作带来很多便捷。

9.1.1 分类照片

数码时代，拍照已经不像胶片时代那么复杂。照片拍得多了，存储的问题就日益凸显。照片多，像素高，需要的存储空间就大，查找的压力也会随之而来。如何将大量的照片有序地存储，这是解决问题的关键所在。

一般拍摄的照片是相机自动编号命名，这些编号并不利于分类，所以在拍摄之后花些时间对照片进行统一的命名编号是个好习惯。常用的分类方法包括：按拍摄日期建立文件夹存放；按拍摄题材，如人像、风景、动物等存放；将多种方法结合运用存放。按照个人习惯，不管用怎样的方法分类，能够做到有条不紊、便于查找就是好的分类方法。

9.1.2 备份照片

提前备份照片可以防患于未然，当电脑、硬盘突发状况，或是我们不小心误操作时，可以找回我们所需的照片。

备份的方法有很多，使用移动硬盘、U 盘作为备份，是很多人常用的备份方法。我们也可以购买网络云盘，将照片备份在网络上。将照片放进同步文件夹里，照片即自动与服务器同步。

9.2 拼接全景照片

想要实现全景照片的效果，在拍摄时需要保证图与图之间有重叠区域，并设置手动曝光、对焦，以保证拍摄的多张照片曝光和焦距一致。

Step 01 在 Photoshop 中，选择菜单栏中的【文件】|【打开】命令，选择打开多幅照片图像。

Step 02 将 3 幅图像置入一个文档中，在【图层】面板中，按 Alt 键的同时双击【背景】图层，将其转换为【图层 0】图层，然后选中 3 个图层。

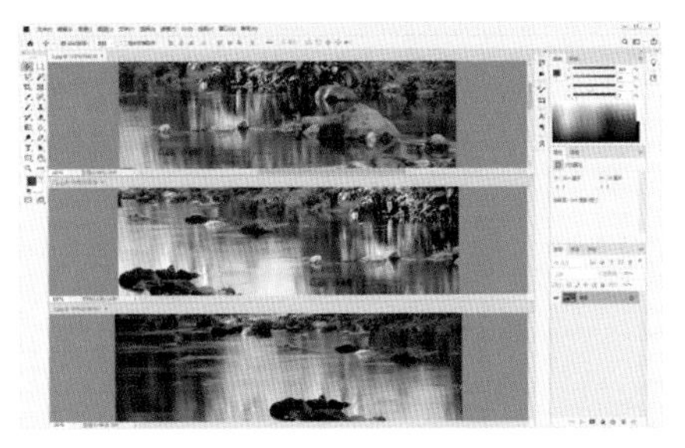

Step 03 选择【编辑】|【自动对齐图层】命令，在打开的【自动对齐图层】对话框中，选择【拼贴】单选按钮，然后单击【确定】按钮。

Step 04 选择【编辑】|【自动混合图层】命令，打开【自动混合图层】对话框。在该对话框中选中【堆叠图像】单选按钮，然后单击【确定】按钮，即可完成全景照片的拼接。

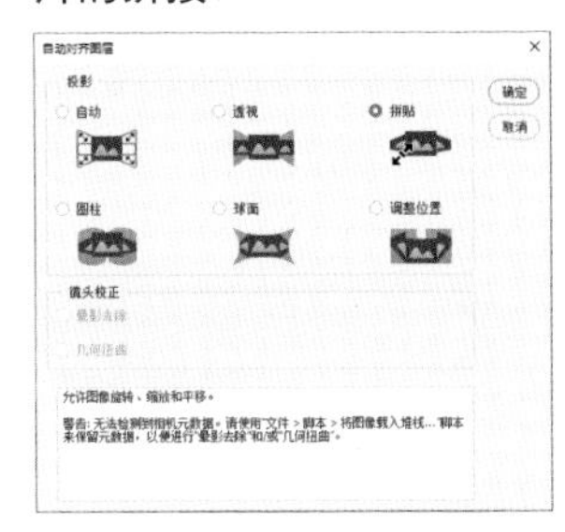

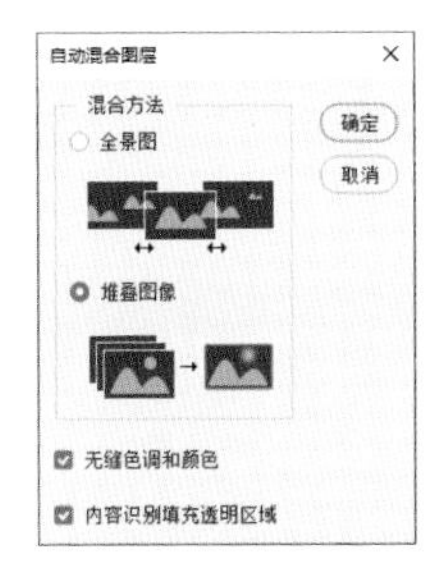

9.3 使用 Camera Raw 处理照片

Photoshop 中的“Camera Raw 滤镜”命令专门用于处理数码相机存储的 Raw 格式的图像，它可以解释相机原始数据文件，对白平衡、色调范围、对比度、颜色饱和度、锐化进行调整。

9.3.1 精准白平衡校正

调整数码照片白平衡时，在“基本”面板中的“白平衡”选项区域中，通过“白平衡”选项可以快速设置照片的白平衡。通过调整“色温”选项可改变照片的整体颜色，增加照片的饱和度。

Step 01 在“Camera Raw”对话框中，打开一个图像文件。

Step 02 在“基本”面板中，设置“白平衡”选项为“自定”，调整“色温”数值为 -63，“色调”数值为 -5。设置完成后，单击“确定”按钮关闭“Camera Raw”对话框，应用参数设置。最后，将调整好的照片进行保存。

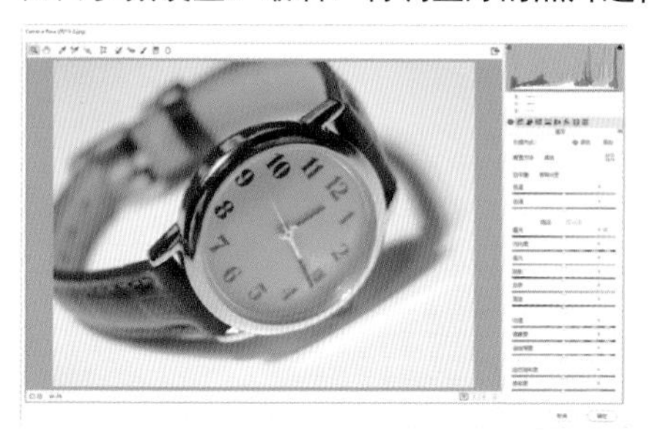

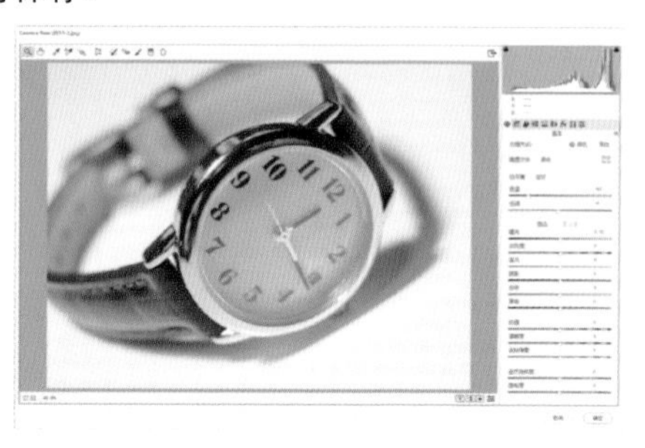

9.3.2 影调、色彩的局部调整

使用“目标调整”工具在图像上单击，可以调整单击点的曝光度、色相、饱和度和明亮度等参数。

Step 01 在“Camera Raw”对话框中，打开一个照片素材。在该对话框中单击“在原图 / 效果图视图之间切换”按钮切换视图。

Step 02 在工具栏中单击“目标调整”工具，从弹出的下拉列表中选择“饱和度”选项。

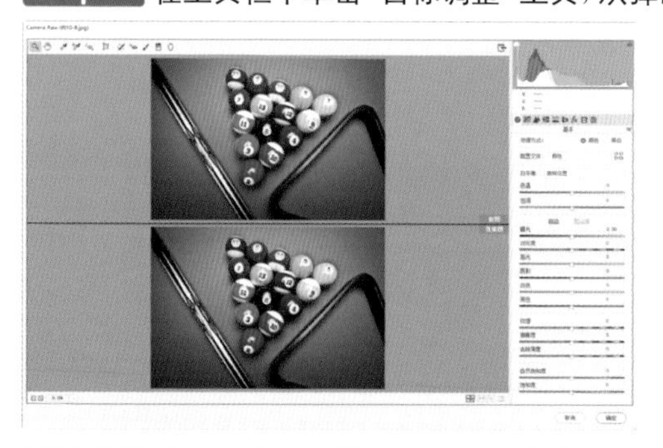

Step 03 使用“目标调整”工具在照片中绿色背景处单击，并向左拖动鼠标，降低单击点处颜色的饱和度。

Step 04 在“HSL/ 灰度”面板中，单击“明亮度”选项卡，设置“绿色”数值为 100。设置完成后，单击“确定”按钮关闭“Camera Raw”对话框，应用参数设置。最后，将调整好的照片进行保存。

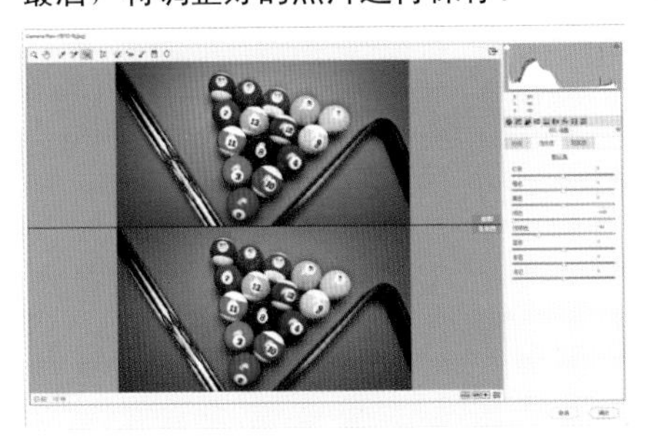

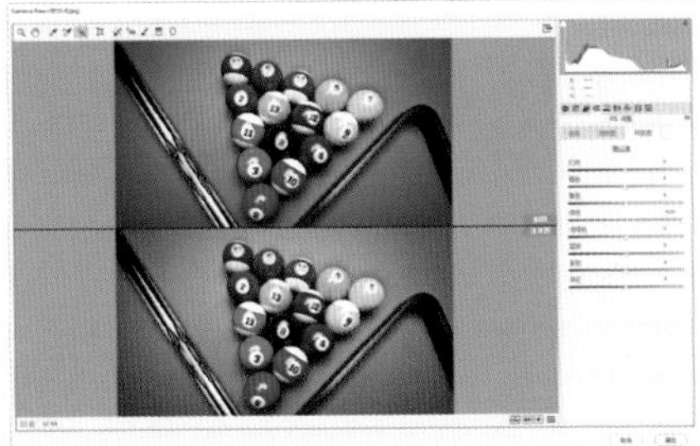

9.3.3 去除瑕疵及细节优化

“调整画笔”工具的使用方法是在图像上需要调整的区域，通过蒙版将这些区域覆盖，然后隐藏蒙版，再调整所选区域的色调、色彩饱和度和锐化。

Step 01 在“Camera Raw”对话框中，打开一个照片素材。在该对话框的工具栏中选择“调整画笔”工具，在右侧面板中选中“蒙版”复选框，设置“大小”数值为 10、“羽化”数值为 50、“浓度”数值为 30，然后使用“调整画笔”工具在照片中人物逆光部分涂抹以添加蒙版。

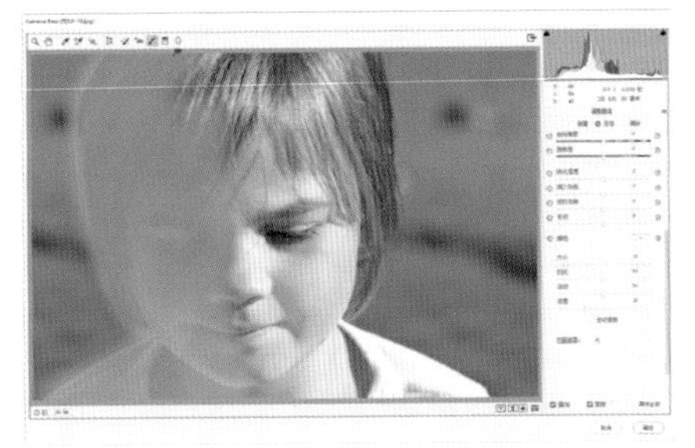

Step 02 取消选中“蒙版”复选框，设置“曝光”数值为 +4.00，“高光”数值为 -100、“阴影”数值为 +100、“黑色”数值为 +55。

Step 03 在面板中选中“清除”单选按钮，设置“大小”数值为 5、“羽化”数值为 100，然后使用“调整画笔”工具修饰照片中人物边缘处。设置完成后，单击“确定”按钮关闭“Camera Raw”对话框，应用参数设置。最后，将调整好的照片进行保存。

9.3.4 校正照片的畸变

使用“变换”工具可以校正照片中的倾斜和变形，并可改变图像长宽比以缩放图像。

Step 01 在“Camera Raw”对话框中，打开一个照片素材。在该对话框的工具栏中选择“变换”工具，在“变换”面板中选中“网格”复选框，并将其右侧滑块向右拖动放大网格大小。

Step 02 在该对话框中，设置“垂直”数值为 -70、“长宽比”数值为 -20、“缩放”数值为 117、“纵向补正”数值为 0.9。设置完成后，单击“确定”按钮关闭“Camera Raw”对话框，应用参数设置。最后，将调整好的照片进行保存。

9.3.5 两步让照片变通透

偏灰的照片会让画面显得灰蒙蒙而没有层次感，不能突显出照片的主体。提高对比度及利用曝光度校正照片的灰度等方法，可去除照片偏灰的问题。

Step 01 在“Camera Raw”对话框中，打开一个图像文件。

Step 02 在“基本”面板中，设置“去除薄雾”数值为 +70、“清晰度”数值为 +10、“色调”数值为 +10。设置完成后，单击“确定”按钮关闭“Camera Raw”对话框，应用参数设置。最后，将调整好的照片进行保存。

9.4 使用 Lightroom 修饰照片

Lightroom 是一款专业的数码照片后期处理的工具软件。增强的校正工具、强大的组织功能，以及灵活的打印选项可以帮助我们加快图片后期处理速度，将更多的时间投入拍摄。

9.4.1 制作影调丰富的黑白照片

黑白照片以黑、白、灰来表现被摄景物影像，画面感厚重、光影质感强烈，具有冲击力的视觉感受，是表达情感和渲染气氛的好方式。在 Lightroom 中，我们可以通过多种方式将彩色照片转换为黑白照片，还可以通过对不同色系的明亮度进行调整，帮助我们制作出高水准的黑白影像。

Step 01 在“图库”模块中，选中一张我们要转换为黑白效果的照片。在“修改照片”模块的“基本”面板中，在“处理方式”选项后面单击“黑白”按钮，即可将当前照片以黑白的形式进行处理。

Step 02 使用 Lightroom 自动转换的黑白效果可能过于平淡，不符合我们所预想的效果。此时，我们可以通过在“基本”面板中调整“黑色色阶”和“白色色阶”选项进一步调整对比效果。设置“白色色阶”数值为 +59、“黑色色阶”数值为 +100。

Step 03 将彩色照片转换为黑白照片后，我们还可以通过拖曳“HSL/ 颜色 / 黑白”面板的“黑白混合”选项组中各个选项的滑块，或者直接在数值框中输入参数，对照片中的特定颜色明暗度进行调整，以对画面黑白影调产生不同的影响。设置“红色”数值为 +18、“橙色”数值为 +8、“黄色”数值为 +26、“绿色”数值为 +50、“浅绿色”数值为 -18、“蓝色”数值为 +10、“紫色”数值为 -48、“洋红”数值为 +4，完成图像的效果调整。

9.4.2　3 分钟调出高级灰色调

高级灰色调非常特别，色彩经过调和降低纯度，给人深邃、宁静、高雅和神秘的感觉。下面我们介绍使用 Lightroom 制作高级灰色调的照片效果。

Step 01 在“修改照片”模块的“基本”面板中，设置“曝光度”数值为 -0.19、“对比度”数值为 -24、“高光”数值为 +20、“阴影”数值为 +36、“白色色阶”数值为 -20、“黑色色阶”数值为 -20。

Step 02 在“色调曲线”面板中，调整 RGB 通道的曲线形状，降低画面的对比度。

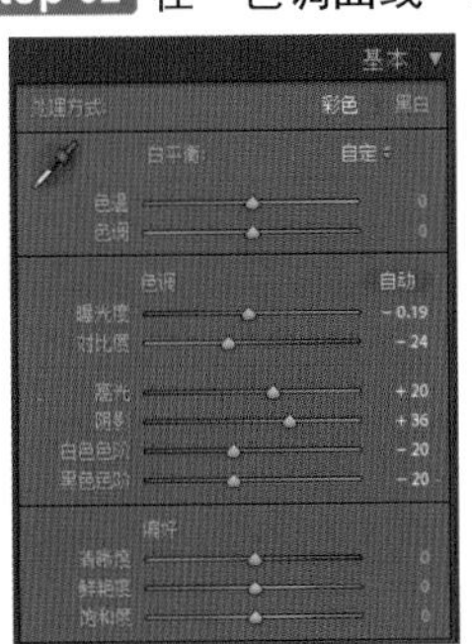

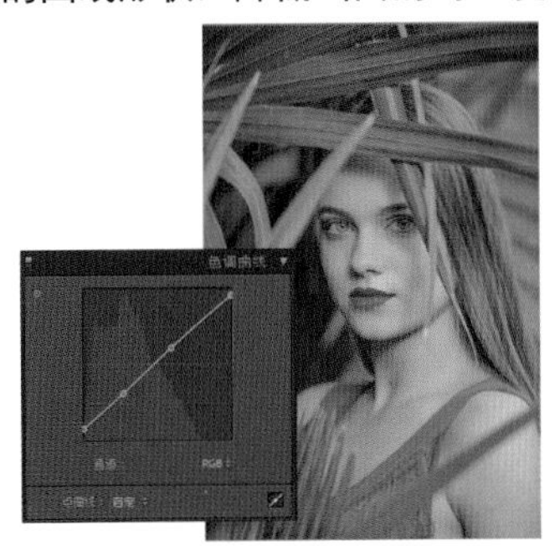

Step 03 在“HSL/ 颜色 / 黑白”面板中，选择“色相”选项，设置“红色”数值为 +50；选择“饱和度”选项，设置“红色”数值为 -11、“橙色”数值为 -40、“黄色”数值为 -100、“绿色”数值为 -65、“浅绿色”数值为 -45、“蓝色”数值为 -79。

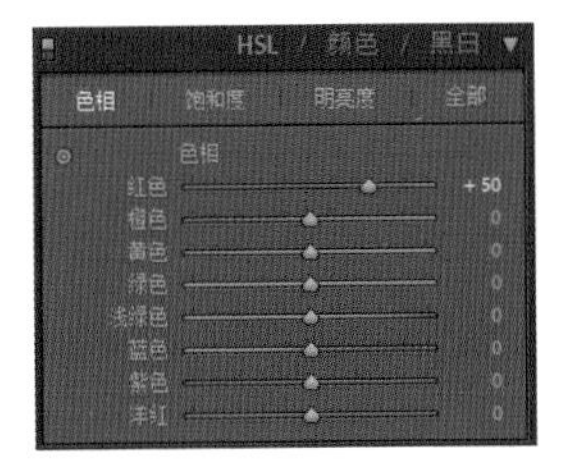

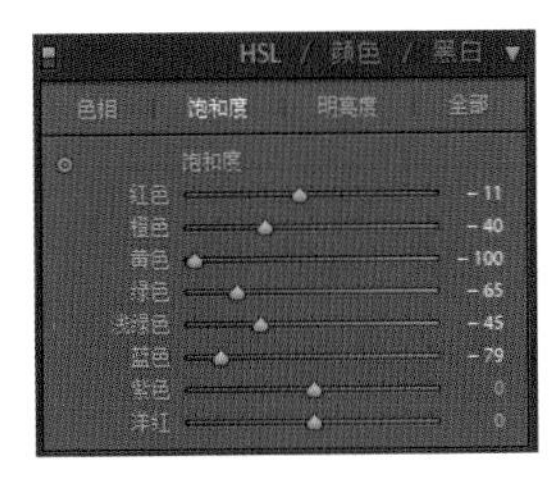

Step 04 在“分离色调”面板中，设置“阴影”选项组中的“色相”数值为235、“饱和度”数值为24。

Step 05 在“效果”面板的“裁剪后暗角”选项组中，设置“数量”数值为-23。在“相机校准”面板中，设置“红原色”选项组中的“色相”数值为+10，设置“蓝原色”选项组中的“色相”数值为-26、“饱和度”数值为+10，完成图像的效果调整。

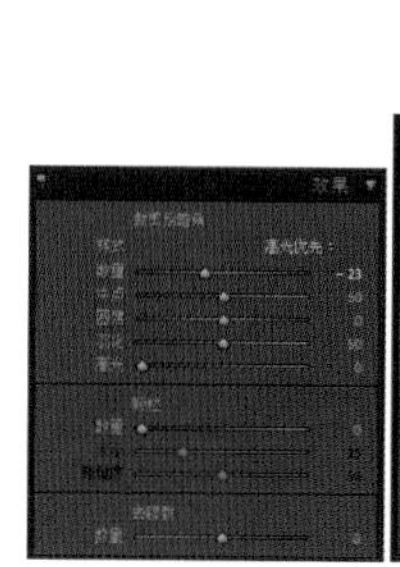

9.4.3 复古胶片色调

复古胶片色调既可以表现出复古文艺效果，也可以表现出另类的时尚感。其最明显的特点就是明度低，画面色彩浓郁但不过于饱和，以及颗粒效果所带来的胶片感等。

Step 01 在“修改照片”模块的“基本”面板中，在“白平衡”选项组中设置“色温”数值为-10、“色调”数值为-23；在“色调”选项组中设置“曝光度”数值为+0.33、“高光”数值为-23、“白色色阶”数值为-100、“黑色色阶”数值为-50；在“偏好”选项组中设置“清晰度”数值为-10。

Step 02 在“HSL/ 颜色 / 黑白”面板中，选择“色相”选项，设置“橙色”数值为 -19、“绿色”数值为 -70；选择“饱和度”选项，设置“橙色”数值为 -5；选择“明亮度”选项，设置“绿色”为 -100。

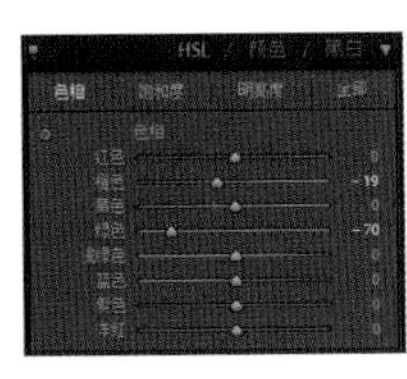
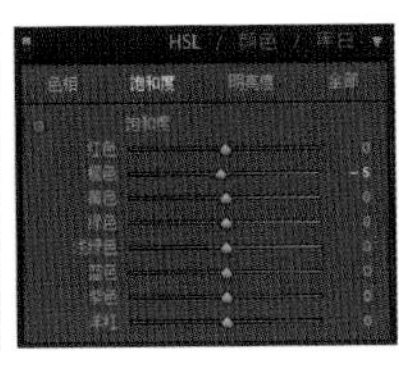

Step 03 在“分离色调”面板中，设置“高光”选项组中的“色相”数值为 75、“饱和度”数值为 11；设置“阴影”选项组中的“色相”数值为 248。

Step 04 在“效果”面板的“裁剪后暗角”选项组中，设置“数量”数值为 -26；在“颗粒”选项组中，设置“数量”数值为 20。

Step 05 在“相机校准”面板中，设置“红原色”的“色相”数值为 +48；设置“绿原色”的“色相”数值为 -36、“饱和度”数值为 +7；设置“蓝原色”的“色相”数值为 -30、“饱和度”数值为 -96。

Step 06 在“色调曲线”面板中，调整 RGB 通道的曲线形状，完成图像的效果调整。

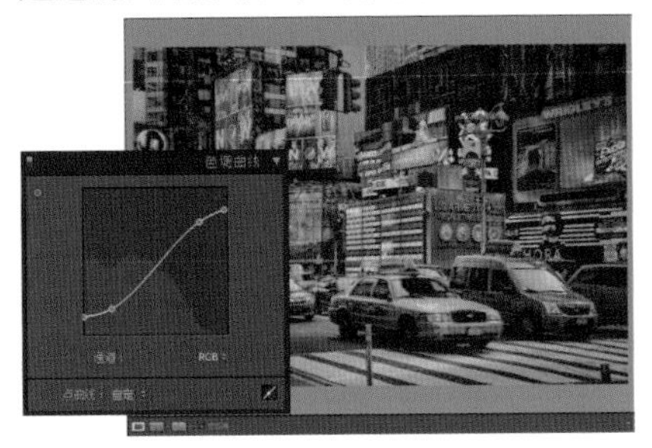

9.4.4 日系小清新色调

日系小清新色调是女性摄影和儿童摄影常用的一种后期风格。一般的主体颜色都是一些比较明亮、偏冷的颜色，如蓝色、绿色、黄色和白色。调色后的照片看起来色彩清雅，人物神态自然。

Step 01 在“修改照片”模块的“基本”面板中，在“白平衡”选项组中设置“色温”数值为 -30、“色调”数值为 -11；在“色调”选项组中设置“曝光度”数值为 +0.56、“高光”数值为 -16、“阴影”数值为 +11、“白色色阶”数值为 -33、“黑色色阶”数值为 -5。

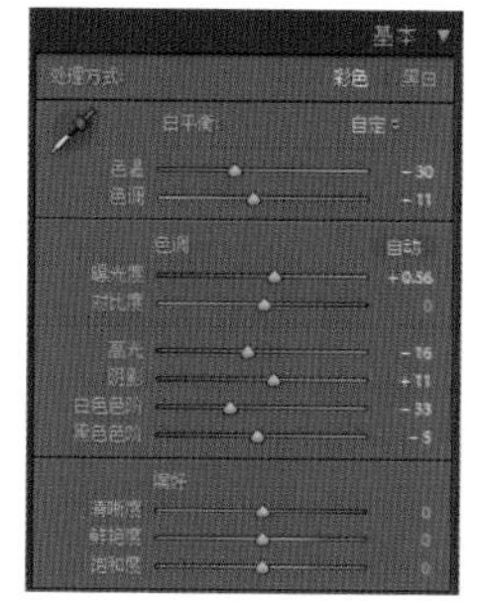

Step 02 在“色调曲线”面板中，调整 RGB 通道的曲线形状，提亮画面。在“通道”选项下拉列表中选择“蓝色”选项，并调整蓝色通道的曲线形状，使画面偏向冷色调。

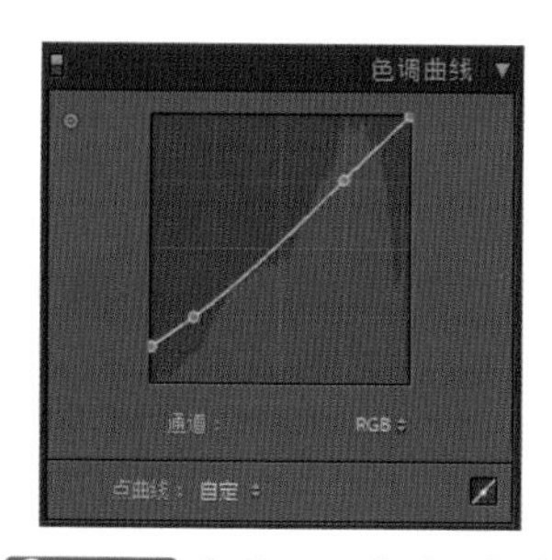

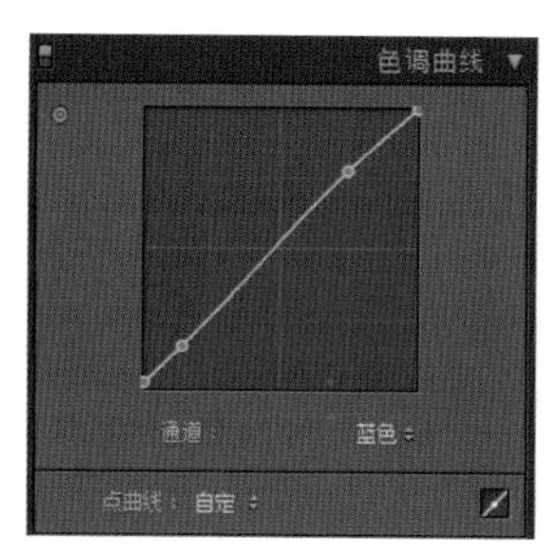

Step 03 在“HSL/ 颜色 / 黑白”面板中，选择“色相”选项，设置“红色”数值为 -29；选择“饱和度”选项，设置“红色”数值为 -15、“绿色”数值为 -48、“蓝色”数值为 -80；选择“明亮度”选项，设置“绿色”数值为 +8。

Step 04 在“分离色调”面板中，设置“高光”选项组中的“色相”数值为 232、“饱和度”数值为 10；设置“阴影”选项组中的“色相”数值为 107、“饱和度”数值为 7。

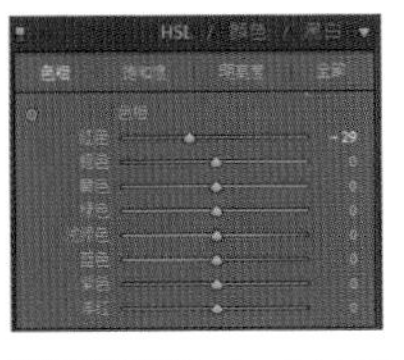
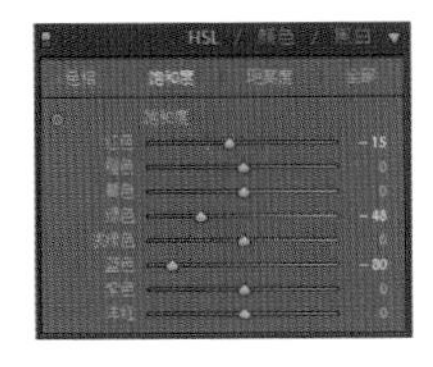
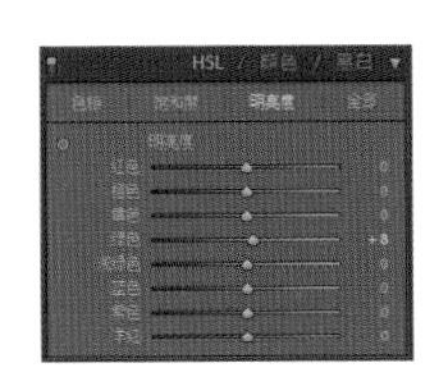

Step 05 在“效果”面板中的“去朦胧”选项组中，设置“数量”数值为 +17，完成图像的效果调整。

9.4.5 打造火遍 INS 的蓝金色调

蓝金色调是近几年网络上非常火爆的一种流行色彩搭配。其应用范围广，很多摄影题材都能用得上，如风光、建筑、街头摄影题材等，而且后期操作简单，容易出效果。

Step 01 在“修改照片”模块的“基本”面板中，在“白平衡”选项组中设置“色温”数值为 -60；在“色调”选项组中设置“曝光度”数值为 -0.11、“对比度”数值为 +10、“高光”数值为 -40、“白色色阶”数值为 -100、“黑色色阶”数值为 -8；在“偏好”选项组中设置“饱和度”数值为 -13。

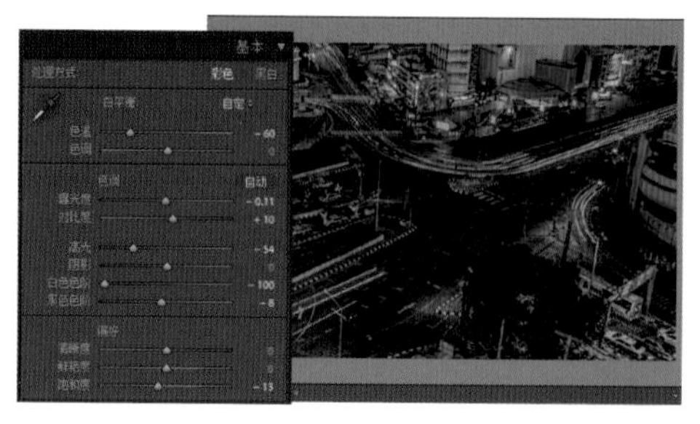

Step 02 在“色调曲线”面板中，调整 RGB 通道的曲线形状，使暗部更暗。在“通道”下拉列表中选择“红色”选项，调整“红色”通道的曲线形状。

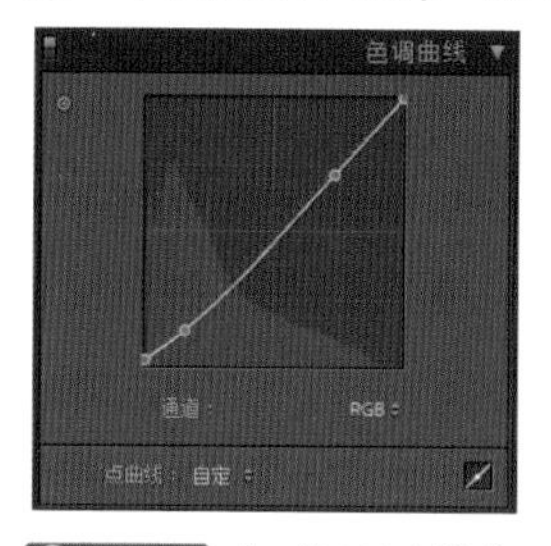

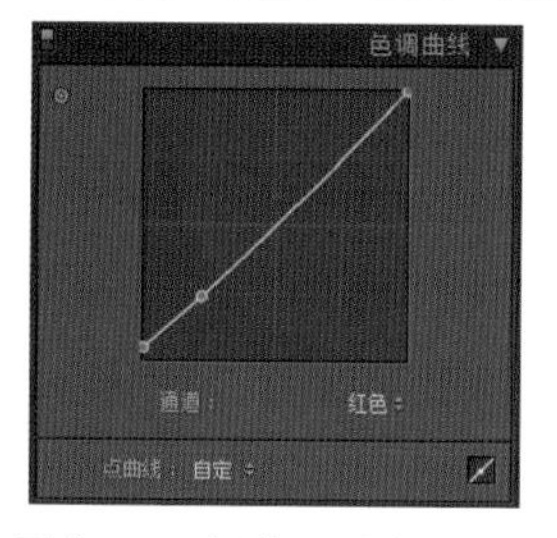

Step 03 在“HSL/ 颜色 / 黑白”面板中，选择“色相”选项，设置“红色”数值为 +100、“橙色”数值为 -33、“黄色”数值为 -100、“蓝色”数值为 -22、“紫色”数值为 -5、“洋红”数值为 +100；选择“饱和度”选项，设置“红色”数值为 +70、“橙色”数值为 +100、“蓝色”数值为 -45、“洋红”数值为 +100；选择“明亮度”选项，设置“红色”数值为 +100、“橙色”数值为 +100、“黄色”数值为 +100。

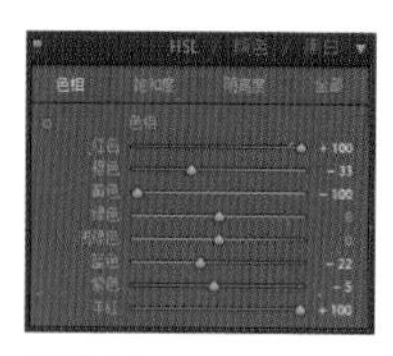

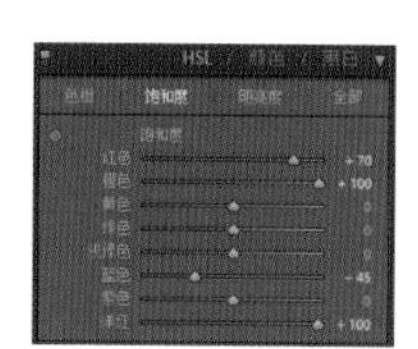

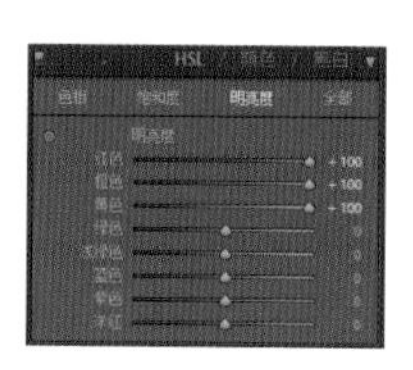

Step 04 在“相机校准”面板中，设置“红原色”的“色相”数值为 +100、“饱和度”数值为 +72；设置“蓝原色”的“饱和度”数值为 -10。

Step 05 在“分离色调”面板中，设置“高光”的“色相”数值为 19、“饱和度”数值为 37；设置“阴影”的“色相”数值为 285、“饱和度”数值为 4，完成图像的效果调整。

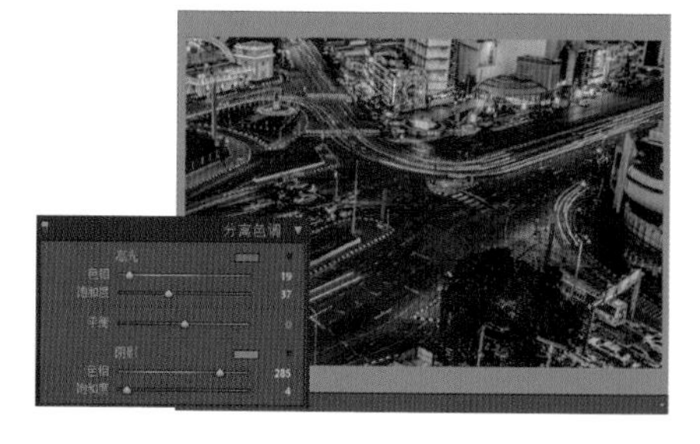

9.4.6 赛博朋克风格色调

赛博朋克风格色调灵感源自 20 世纪 80 年代的怀旧风，是一种非常炫酷的，带有科技感、迷幻感的后期风格。不是所有的照片都适合后期修成这种风格，这种风格一般适合拍摄人口稠密、充斥着霓虹灯光的城市街道。

Step 01 在“修改照片”模块的“基本”面板中，在“白平衡”选项组中设置“色温”数值为 -16、“色调”数值为 +76；在“色调”选项组中设置“对比度”数值为 +19、“阴影”数值为 +88、“白色色阶”数值为 +39、“黑色色阶”数值为 +53；在“偏好”选项组中设置“清晰度”数值为 -10。

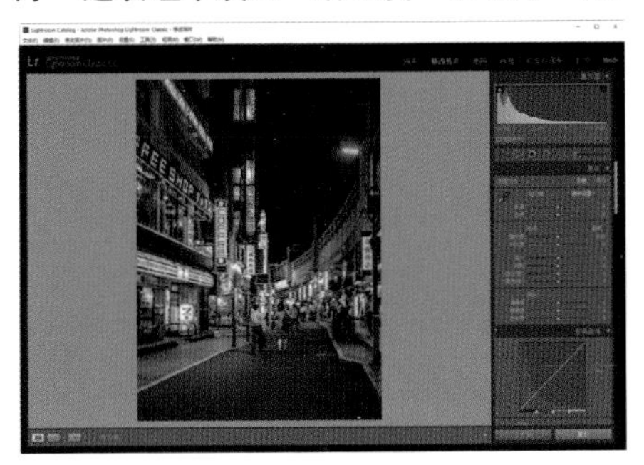

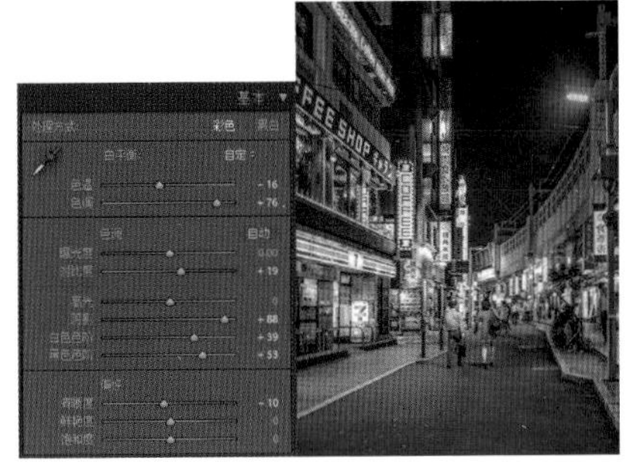

Step 02 在“分离色调”面板中，设置“高光”选项组中的“色相”数值为 323、“饱和度”数值为 60、“平衡”数值为 +32；设置“阴影”选项组中的“色相”数值为 189、“饱和度”数值为 35。

Step 03 在“效果”面板中的“去朦胧”选项组中，设置“数量”数值为 +17；在“裁剪后暗角”选项组中，选择“样式”选项为“颜色优先”选项，设置“数量”数值为 -7。

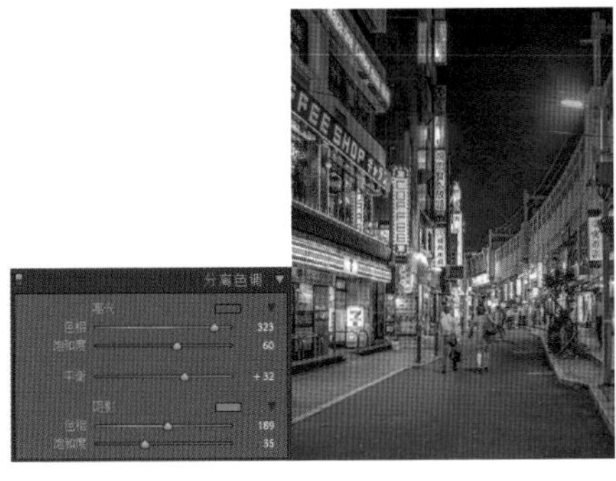

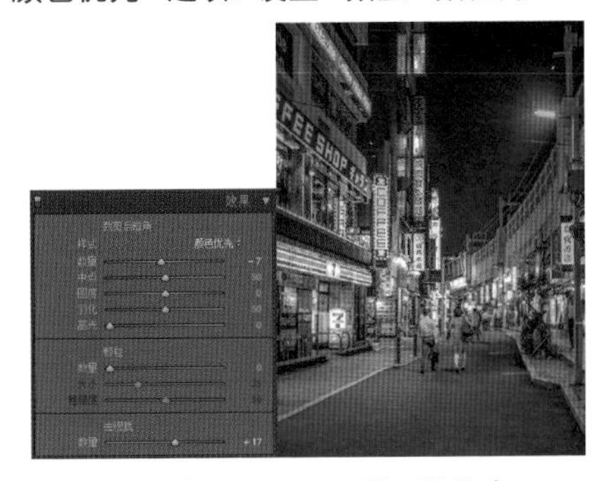

Step 04 在“色调曲线”面板中，设置“暗色调”数值为 +10、“阴影”数值为 -20。

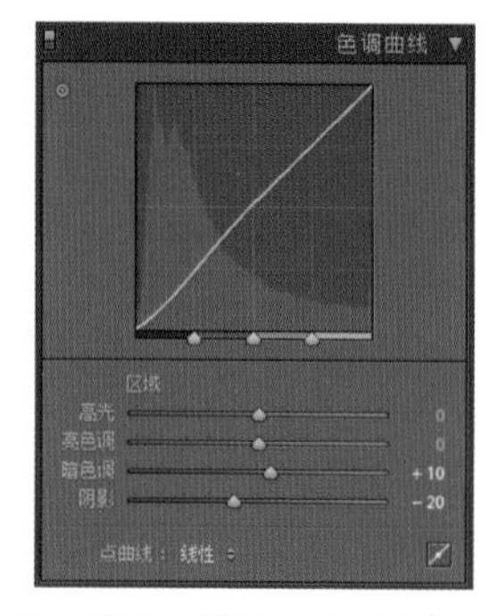

Step 05 在“HSL/颜色/黑白”面板中，选择“色相”选项，设置“紫色”数值为+25、“洋红”数值为-100；选择“饱和度”选项，设置“蓝色”数值为-25，完成图像的效果调整。

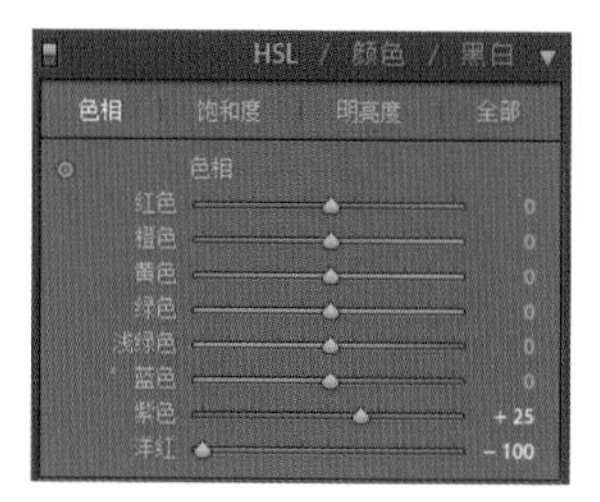

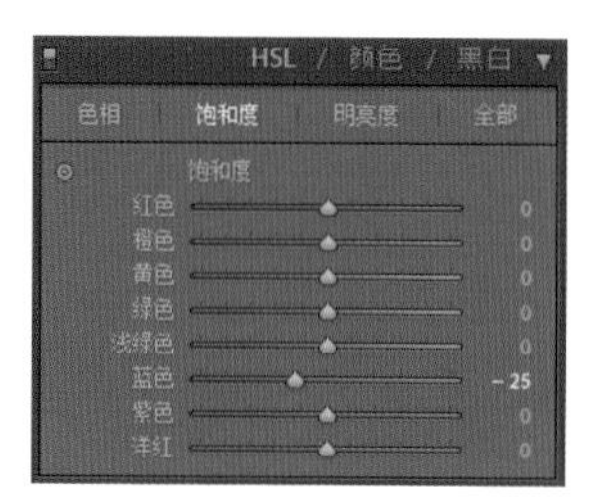